JN320014

統計的手法
入門テキスト

— 検定・推定と相関・回帰及び実験計画 —

奥村 士郎 著

日本規格協会

まえがき

　本書は，著者が永年日本規格協会で講習会の講義で用いたテキストに手を加え，皆様方に自習していただくことを目的として書いた本で，『改訂2版 品質管理入門テキスト』（2007年）の姉妹編に相当する．

　QC入門（特にQC七つ道具）を一応習得された方を対象に，高校程度の知識をお持ちの方ならば，だれでも理解していただけるように書いたつもりである．

　コンピュータにデータをインプットすると，その結果のみアウトプットされて出てくる．計算の過程（計算式など）はブラックボックスになっており，計算の過程はわからない．計算だけをする分にはそれでもよいが，内容を知らないと，ユーザから問われても説明できない．メーカとしてははなはだ困る．現在，このような問題が起きている．

　したがって，まずは，理論的な話より，むしろ実務に役立つ計算式を用い，一度は手計算で行い，その内容を把握することが大切であると思う．

　ここでは，簡単な計算式と計算手順をマスターしていただくため，第1章"検定と推定"から始まり，第6章"実験計画法"までを，それぞれ例題をあげ，要点を絞りコンパクトにまとめた．ここで用いられる<u>数式</u>や<u>グラフ</u>，その<u>物理的な意味</u>などがばらばらでは理解に苦しむこともあるので，なるべく三者を組み合わせ，しかもわかりやすく説明したつもりである．

　ここであげられている統計的手法は入門程度であるが，新製品開発，不適合品の減少，○○のばらつきの減少などの要因解析に役立てていただけると幸いである．

　ある程度これらの手法を理解されたら，この理論的な背景を追究されることをお勧めする．

本書を出版するに当たり，日本規格協会理事竹下正生氏をはじめ，出版事業部長中泉純氏，編集第一課長伊藤宰氏及び編集第一課の皆様には大変お世話になり深く感謝します．

2008 年 10 月

奥村　士郎

目　次

まえがき

第1章　検定と推定

1.1　検定及び推定の考え方 ………………………………………… 9
1.2　両側検定と片側検定 …………………………………………… 11
1.3　仮　説 …………………………………………………………… 11
1.4　有意水準と信頼率及び判定 …………………………………… 12
1.5　検定の種類 ……………………………………………………… 12

第2章　計量値の検定及び推定

2.1　正規分布（母集団とサンプル） ……………………………… 13
2.2　従来の母集団（工程）の標準偏差（σ）が
　　　既知の場合と未知の場合 ……………………………………… 16
2.3　母平均に対する検定及び推定〈平均値の検定〉 …………… 16
　　2.3.1　u検定（従来の母集団の標準偏差σが既知の場合） ……… 16
　　2.3.2　t検定（従来の母平均のσが未知の場合） ………………… 20
2.4　母分散の違いの検定と推定〈ばらつきの検定〉 …………… 23
　　2.4.1　χ^2検定（母分散σ^2が既知の場合） ………………………… 23
　　2.4.2　F検定（母分散σ^2が未知の場合） ………………………… 29
2.5　2組のデータにおける平均値の差の検定と推定 …………… 33
　　2.5.1　2組のデータに対応のない場合 ………………………… 33
　　2.5.2　2組のデータに対応のある場合 ………………………… 36
2.6　データの棄却検定 ……………………………………………… 39
　　2.6.1　Grubbsの検定 …………………………………………… 39

第3章　計数値の検定及び推定

- 3.1　正規分布，二項分布，ポアソン分布 …………………… 41
- 3.2　計数値の検定と推定の種類 ……………………………… 44
- 3.3　計算法 ……………………………………………………… 44
  - 3.3.1　正規近似法（母不適合品率の差の検定と推定）………… 44
  - 3.3.2　正規近似法（A, B 2組の母不適合品率の差の検定）……… 46
  - 3.3.3　分割表を用いる方法（2組以上の母不適合品率の差の検定）… 48
- 3.4　適合度の検定（χ^2 検定）による正規性の検討 ……………… 52
  - 3.4.1　適合度の検定とは ………………………………………… 52
  - 3.4.2　適合度検定の解析の考え方 ……………………………… 52
  - 3.4.3　例題及び解析 ……………………………………………… 53

第4章　相関分析と回帰分析

- 4.1　相関分析の考え方 ………………………………………… 61
  - 4.1.1　散布図 ……………………………………………………… 61
  - 4.1.2　散布図の見方 ……………………………………………… 62
  - 4.1.3　相関係数 r と寄与率 r^2 ……………………………… 63
  - 4.1.4　母相関係数（ρ）の点推定と区間推定 …………………… 64
  - 4.1.5　相関分析の例題 …………………………………………… 65
- 4.2　回帰分析 …………………………………………………… 73
  - 4.2.1　回帰分析による分散分析（参考）………………………… 73
  - 4.2.2　回帰式（一次方程式）について ………………………… 75
  - 4.2.3　回帰（方程式）直線の計算例 …………………………… 78
  - 4.2.4　OS チップの紹介 ………………………………………… 79

第5章　実験計画法──要因実験

- 5.1　実験計画法 ………………………………………………… 85
  - 5.1.1　実験計画の考え方 ………………………………………… 85

5.1.2　実験計画を行うにあたって ………………………………… 85
　　5.1.3　実験計画の種類 …………………………………………… 87
　5.2　要因実験（完全ランダム型）………………………………………… 87
　　5.2.1　一元配置 …………………………………………………… 87
　　5.2.2　二元配置 …………………………………………………… 98
　　5.2.3　三元配置の概要 …………………………………………… 112
　5.3　一元配置から三元配置までのまとめ ……………………………… 113
　5.4　OS 線点図の紹介 …………………………………………………… 116
　　5.4.1　OS 線点図 …………………………………………………… 116
　　5.4.2　OS 線点図の活用例 ………………………………………… 119

第6章　実験計画法──直交配列表を使用

　6.1　直交配列，直交配列表 ……………………………………………… 121
　　6.1.1　直交配列表による実験の実施の目的とその実施にあたって … 122
　　6.1.2　直交配列表の主な種類とその関係 ………………………… 123
　　6.1.3　直交配列表について ………………………………………… 124
　6.2　2 水準系 $L_8(2^7)$ 型の活用例 ……………………………………… 126
　6.3　2 水準系 $L_{16}(2^{15})$ 型直交配列表について ……………………… 132
　6.4　2 水準系 $L_{16}(2^{15})$ 型の活用例 …………………………………… 138
　6.5　3 水準系 $L_{27}(3^{13})$ 型直交配列表について ……………………… 149
　6.6　3 水準系 $L_{27}(3^{13})$ 型の活用例 …………………………………… 155

演習問題［問 1 ～問 16］……………………………………………………… 165

演習問題解答 ……………………………………………………………… 175

　付表 1　正規分布表 ……………………………………………………… 203
　付表 2　t 表 ……………………………………………………………… 205
　付表 3　χ^2 表 …………………………………………………………… 206
　付表 4　F 分布表 ………………………………………………………… 208

付表 5 　R 管理図用係数表 ……………………………… 212
付表 6 　Grubbs の棄却限界値 ………………………… 212
付表 7 　r 表 ……………………………………………… 213
付表 8 　z 変換図表 ……………………………………… 214

参考文献 ……………………………………………………… 215
索　　引 ……………………………………………………… 217

第1章 検定と推定

1.1 検定及び推定の考え方

　例えば，ある部品の寸法の標準値と，母集団（工程）から取られたサンプル（寸法）の平均値に差があるといえるか．あるいは従来の工程平均不適合品率より，工程変更後の不適合品率が下がったといえるか否かを判定することを検定（test）という．（検定統計量は無単位．）

　すなわち，検定は問いかけであり，これを一つの物差しで比較して判定することである．

　また，推定は，母集団にアクションを取る目的にて，それはどれだけ差があるか，又はどれだけ大きいか，小さいかなどを統計的に推測することを推定（estimation）という．（単位をもっている．）

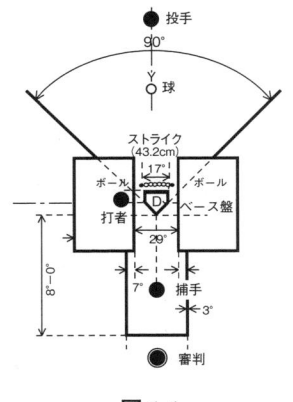

図 1.1

　図 1.1 は野球のルールブックを参照した．元セントラルリーグの審判副部長岡田功氏より資料及び助言をいただいた．

統計的検定・推定の技法は計量値や計数値などによく用いられる．

今，野球を例に取れば，図1.1のように，投手は球を投げる人，捕手は球を受ける人，打者はその球を打つ人である．

そこで，投手が捕手に向かって投げた球がベース盤の幅（43.2 cm）内に入っていれば"ストライク"，またベース盤の外側に外れたときを"ボール"と決められている．

すなわち，ベース盤の大きさが"ボール"，"ストライク"を判定する物差しである（幅の線上はストライク）．

このルールに従って審判がストライクかボールかを判定し，どちらかを宣言する．これを検定と考える．

一度宣言したら変更はできない．（ただし，高さについては図が書きづらいため，この場合は省略する．）

すなわち，まず投手が投げる．捕手が受ける．この球は"ストライク"ですか，"ボール"ですかを審判に問いかける．その答えとして，今の球は，①"ストライク"か，②"ボール"か，この仮説のいずれかを審判は判定し，宣言しなければならない．

したがって，統計的には，前者①"ストライク"を帰無仮説，後者②"ボール"を対立仮説という．

・帰無仮説"ストライク"（H_0）が採択されるならば，対立仮説"ボール"（H_1）が棄却され，

・帰無仮説"ストライク"（H_0）が棄却されるならば，対立仮説"ボール"（H_1）が採択される．

したがって，一度に二つの仮説①"ストライク"と，②"ボール"は成り立たないことは当然である．

そこで今，仮にボールと判定されたのは，球一つ分外れていたのか，大分外れていたのかを定量的に知ることを推定と考える．

検定及び推定の手法は仕事（工程）を変更させた場合とか，あるいは機械，材料などを購入するときの意志決定をする場合とか，また第三者に論理的に話

して納得していただくためなど，現在ではいろいろな場面で用いられている．

1.2 両側検定と片側検定 (two-sided test, one-sided test)

両側検定：例えば，母平均 A と母平均 B とに差があるといえるか，又は違いがあるといえるか．（野球の場合は，内角と外角があり，"両側検定"と考える．）

片側検定：例えば，母平均 A より母平均 B が大きいといえるか，又は小さいといえるか．（大小関係を問う．）

1.3 仮　　　説 (hypothesis)

仮説には，帰無仮説（H_0：null hypothesis）と対立仮説（H_1：alternative hypothesis）とがあり，仮説を立てて検定を行う．したがって，仮説検定ともいう．

● 例えば，母集団 A の平均値と母集団 B の平均値について

両側検定の問　A と B に差があるといえるか．

$$\text{帰無仮説}\quad H_0 : \mu_A = \mu_B,\quad \text{対立仮説}\quad H_1 : \mu_A \neq \mu_B \tag{1.1}$$
　　　　　　　　いえない．　　　　　　　　　　　　いえる．

片側検定の問　A より B が大きいといえるか．

$$\text{帰無仮説}\quad H_0 : \mu_A = \mu_B,\quad \text{対立仮説}\quad H_1 : \mu_A < \mu_B$$
　　　　　　　　いえない．　　　　　　　　　　　　いえる．

片側検定の問　A より B が小さいといえるか．

$$\text{帰無仮説}\quad H_0 : \mu_A = \mu_B,\quad \text{対立仮説}\quad H_1 : \mu_A > \mu_B \tag{1.2}$$
　　　　　　　　いえない．　　　　　　　　　　　　いえる．

● 例えば，母集団 A のばらつきと母集団 B のばらつきについて

両側検定の問　A と B に違いがあるといえるか．

$$\text{帰無仮説}\quad H_0 : \sigma_A^2 = \sigma_B^2,\quad \text{対立仮説}\quad H_1 : \sigma_A^2 \neq \sigma_B^2 \tag{1.3}$$
　　　　　　　　いえない．　　　　　　　　　　　　いえる．

片側検定の問　AよりBが<u>大きい</u>と<u>いえるか</u>.

　　帰無仮説　$H_0: \sigma_A^2 = \sigma_B^2$,　対立仮説　$H_1: \sigma_A^2 < \sigma_B^2$
　　　　　　　　　　　　　いえない.　　　　　　　　　　　　　　　いえる.

片側検定の問　AよりBが<u>小さい</u>と<u>いえるか</u>.

　　帰無仮説　$H_0: \sigma_A^2 = \sigma_B^2$,　対立仮説　$H_1: \sigma_A^2 > \sigma_B^2$
　　　　　　　　　　　　　いえない.　　　　　　　　　　　　　　　いえる.

(1.4)

1.4　有意水準 (significance level) と信頼率 (confidence level) 及び判定

有意水準を α, 信頼率を β で表すと, $\alpha + \beta = 100\%$ である.

通常, $\alpha = 5\%$ 又は $\alpha = 1\%$ を用いると $\beta = 95\%$, $\beta = 99\%$ となる.

有意水準 $\alpha = 5\%$ で H_0 が棄却されるときは, *印 (5%有意) ⟵⟶ (H_1:採択)

有意水準 $\alpha = 1\%$ で H_0 が棄却されるときは, **印 (1%有意又は高度に有意)

有意水準 $\alpha = 5\%$ で H_0 が棄却されないときは, 5%にて有意でない.

　　　　　　　　　　　　　　　　　　　　　　　　　⟵⟶ (H_1:棄却)

1.5　検定の種類

検定を大別すると計量値 (continuous variable) の検定と計数値 (discrete variable) の検定がある.

　計量値の検定には母平均 (u 検定, t 検定), 母分散の検定 (χ^2 検定, F 検定) 等がある.

　計数値の検定には, 母不適合品率 (u 検定, 分割表を用いる検定), 簡易検定 (推計紙による検定), このほかに適合度の検定, 相関・回帰の検定などがある.

第2章　計量値の検定及び推定

2.1　正規分布 (normal distribution)
[母集団とサンプル (population and sample)]

正規分布は左右対称分布にて，これはドイツ人のガウス(Gauss)によって発見されガウス分布(Gaussian distribution)ともいう．

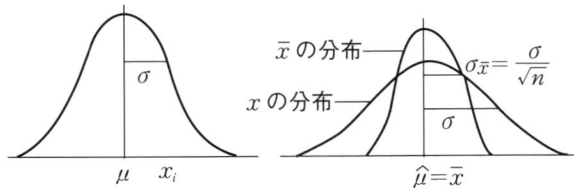

図 2.1　正規母集団 $N(\mu, \sigma^2)$

図2.1は正規母集団 $N(\mu, \sigma^2)$ よりランダムに n 個，k 組サンプルを取ったとき，各々の平均値は $\bar{x}_1, \bar{x}_2, \cdots, \bar{x}_k$ となり，その分布は $N(\mu, \sigma_{\bar{x}}^2)$ の分布に従う．したがって，$\bar{x}=(\Sigma x_i/n)$，母分散 $\sigma_{\bar{x}}^2$ である．すなわち，x の分布より母分散 σ^2 を $\bar{x}$ の数 n で割ると一つの分散が求まる．

$$\therefore \quad \sigma_{\bar{x}}^2 = \frac{\sigma^2}{n} \quad \text{又は} \quad \sigma_{\bar{x}} = \frac{\sigma}{\sqrt{n}}$$

これが $N(\mu, \sigma^2)$ より取られたサンプルの平均 $\bar{x}$ の標準偏差 $\sigma_{\bar{x}}$ となる．

$$u_0 = \frac{|x_i - \mu|}{\sigma} \tag{2.1}$$

$$u_0 = \frac{|\bar{x} - \mu|}{\sigma/\sqrt{n}} \tag{2.2}$$

> **〈定義式〉**
>
> すなわち,$N(\mu, \sigma^2)$ の母集団から n 個のサンプルをとり,その平均値を $\bar{x}$ とするとき,この統計量 $u = \dfrac{\bar{x} - \mu}{\sigma/\sqrt{n}}$ は $N(0, 1^2)$ に従う.

注 $\mu=0$, $\sigma^2=1^2$ のとき $N(0, 1^2)$ の分布を標準正規分布(standardized normal distribution)という.

〈参考〉 x の分布と $\bar{x}$ の分布について

　　例えば,$\overline{X}-R$ 管理図を作るとき,データは仮に 1 日 $n=5$ ずつ 25 日間取ったとすると,全体のデータの数は $nk=5\times25=125$ 個の分布(ヒストグラム)が x の分布.

　　また,$\overline{X}$ 管理図は n 個の平均値 $\bar{x}$ を管理する.$\bar{x}$ は $k=25$ 組の分布が $\bar{x}$ の分布である.

$$\hat{\sigma} = s \qquad \hat{\sigma}_{\bar{x}} = s_{\bar{x}} = \dfrac{s}{\sqrt{n}}$$

$\overline{X}-R$ 管理図データシート

日	x_1	x_2	x_3	x_4	x_5	$\bar{x}$
1	x_{11}	x_{12}	x_{13}	x_{14}	x_{15}	$\bar{x}_1.$
2	x_{21}	x_{22}	x_{23}	x_{24}	x_{25}	$\bar{x}_2.$
3	⋮	⋮	⋮	⋮	⋮	⋮
25	x_{251}	x_{252}	x_{253}	x_{254}	x_{255}	$\bar{x}_{25}.$

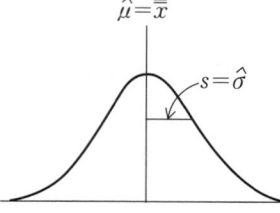

x の分布　$nk=125$ 個

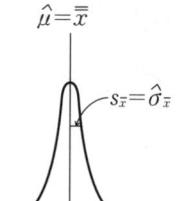

$\bar{x}$ の分布　$k=25$ 組

ここで,特に計量値の検定の場合は図 2.2 のようなフローチャートに従って検定を進めるとよい.

2.1 正規分布

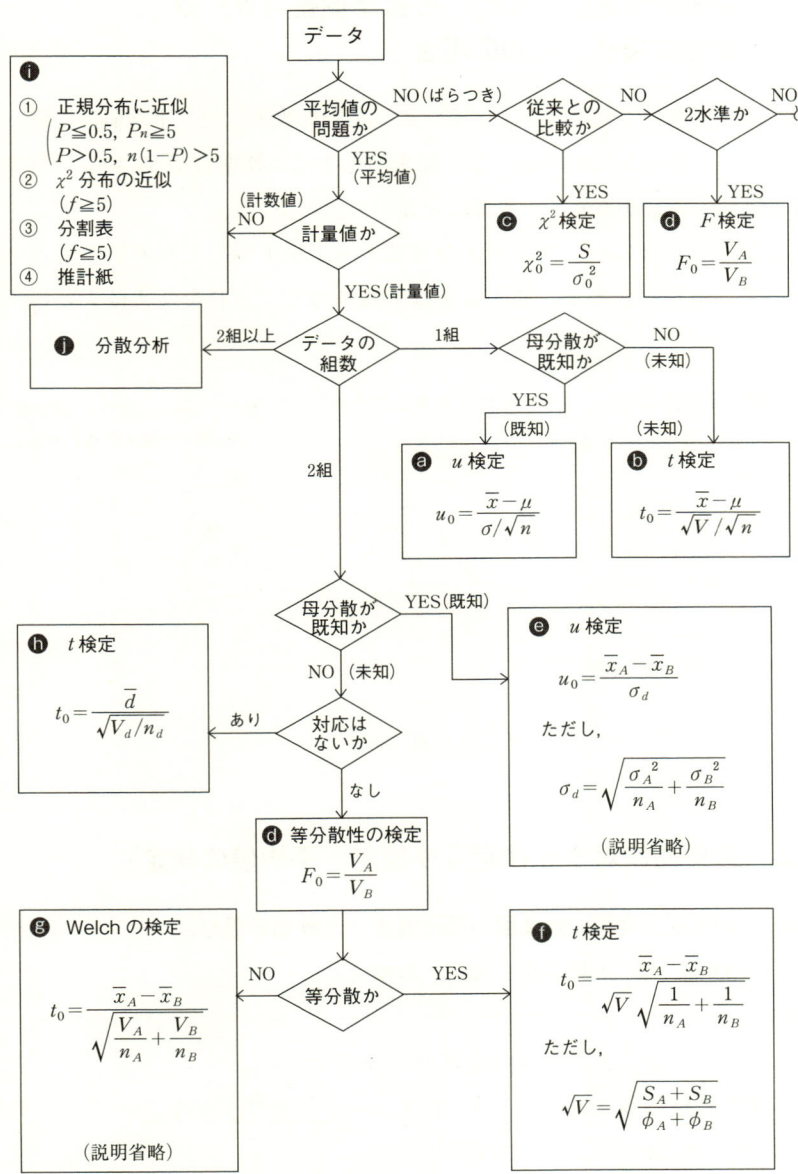

図 2.2 母平均と母分散の σ が既知又は未知の場合の検定の進め方

2.2 従来の母集団（工程）の標準偏差（σ）が既知の場合と未知の場合

例えば，従来の工程平均を上げるため，工程を改善した，平均値は上がったといえるか．検定したい場合，この従来の母集団の標準偏差 $\sigma_\text{従}=\sigma_0$ が既知の場合と未知の場合がある．一般には未知の場合が多い．

重要な品質特性については過去の実績から工程平均や工程の標準偏差 σ がわかっている場合がある．このときは σ 既知としてそれを使えばよい（図 2.3 参照）．

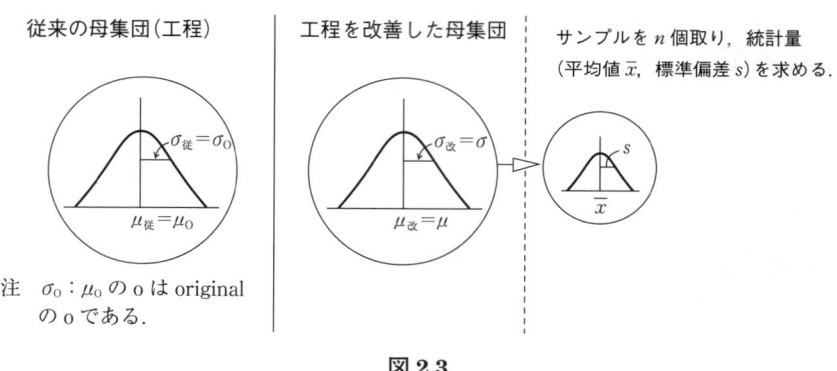

注　$\sigma_0 : \mu_0$ の o は original の o である．

図 2.3

2.3 母平均に対する検定及び推定〈平均値の検定〉

2.3.1 u 検定（従来の母集団の標準偏差 σ が既知の場合）

（図 2.2 ⓐ　正規分布表を用いる検定）

［例 2.1］

ある文具メーカでは A 製品の母材 B を使用している．

この重要特性の強度については，従来より平均値は $\underline{14.8(\text{kgf}/\text{cm}^2)}_{\mu_0}$ で，標準偏差は $\underline{2.3(\text{kgf}/\text{cm}^2)}_{\sigma_0}$ にてよく管理されている．

最近，新材料 C が開発された．この材料費は従来の母材 B より 1 割ぐらい

2.3 母平均に対する検定及び推定

安いので$\underset{n}{\underline{10}}$個のサンプルを取り寄せ強度を測ったら，次のような結果が得られた．

単位 kgf/cm^2

| データ： | 16.5 | 14.3 | 18.5 | 14.6 | 18.2 | 16.1 | 15.2 | 19.7 | 13.6 | 17.3 |

1 kgf/cm^2 = 9.806 65 × 10^{-2} N/mm^2

(1) 従来の平均値と新材料の<u>平均値に差があるといえるか</u>．
　　　　　　　　　　　　　　　　　（両側検定）
(2) もし，差があったならば新材料の母平均（μ）を推定せよ．

ただし，従来の標準偏差と，新材料の標準偏差とは変わらないものとする．

解 析

〈検　定〉

手順1　この文章のアンダーラインを見ると，平均値の差の検定で，σ が既知の場合の両側検定を考えている．（μ_0：従来のもの　μ：新しいもの）

手順2　仮説　$H_0 : \mu_0(=14.8) = \mu$
　　　　　　　　$H_1 : \mu_0 \neq \mu$

手順3　新材料の平均値 $\bar{x}$ 及び u_0 を求める．u_0 の計算は式(2.2)より

$$\bar{x} = \frac{\sum x_i}{n} = \frac{164}{10} = 16.4 \text{ (kgf/cm}^2)$$

$$u_0 = \frac{\bar{x} - \mu_0}{\sigma_0/\sqrt{n}} = \frac{16.4 - 14.8}{2.3/\sqrt{10}} = \frac{1.6 \text{ (kgf/cm}^2)}{0.727 \text{ (kgf/cm}^2)} = 2.20^* \quad \text{（無単位）}$$

手順4　正規分布表より，両側5%の値 1.960，1%の値 2.576.
したがって，$k_{0.025} = 1.960 < \mu < k_{0.005} = 2.576$ となり，図2.4のようになる．["付表1　正規分布表"（p.203）参照]

手順5　結論　従来の母材と新材料との平均値に差があるといえる．
すなわち，有意水準 $\alpha = 5\%$ にて有意差あり．（H_1 採択）

① 正規分布表の見方

"付表1 正規分布表"(p.203) は片側確率の表にて，両側検定の場合

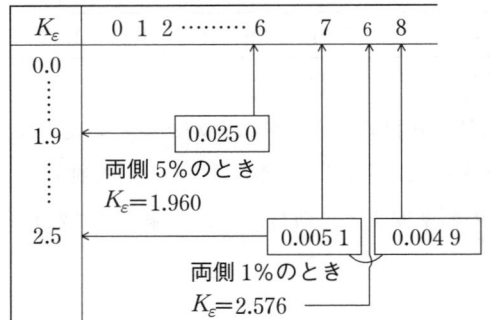

② 正規分布表を用いた，検定（H_0 か H_1）の判定基準が両側の場合は両側に対立仮説（H_1）を考える．

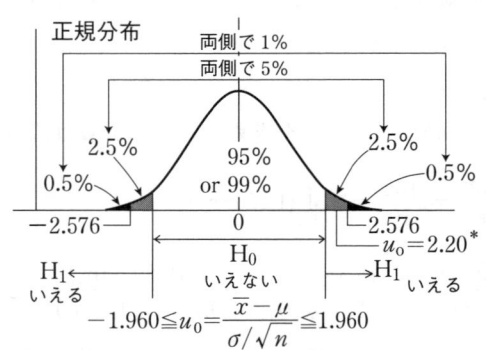

判定：u_0 の値が，$-1.960 \sim 1.960$ の内にあるときは，差があるとはいえない．（H_0 採択）
$-1.960 \sim 1.960$ の外にあるときは，差あり．（H_1 採択）

図 2.4

◎ 検定結果より，平均値に差があるといえることを認めたので，新材料の母平均を推定する．

〈推　定〉

推定には［点推定］と［信頼度95％の区間推定］がある．

2.3 母平均に対する検定及び推定

注　$\hat{\mu}$：ミューハットと読み，推定の記号．

① 点推定：$\hat{\mu} = \overline{x}$ 　　　　　　　　　　　　　　　　　(2.3)

　　$\overline{x} = 16.4 \ (\text{kgf/cm}^2)$

② 区間推定：$\overline{x} \pm k_{0.025}(\sigma/\sqrt{n})$ 　　　　　　　　　　　(2.4)

　　$16.4 \pm 1.960(2.3/\sqrt{10}) = 16.4 \pm 1.43 \ (\text{kgf/cm}^2)$

　　$\therefore \ 14.97 \leq \mu \leq 17.83 \ (\text{kgf/cm}^2)$

図 2.5 のようになる．

信頼度 95% の区間推定の物理的な意味：例えば，サンプルを 10 個取り $\overline{x}_1$ を求める．これを 100 回行う．いろいろな値が得られる．少なくとも 95 回は $L = 14.97 \sim U = 17.83$ の中に入ることを信頼する区間．

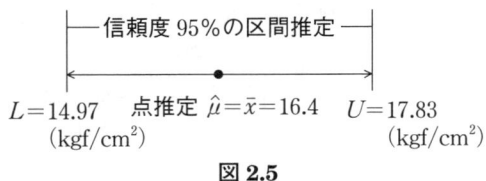

図 2.5

〈補足〉　一般に図 2.4 より，

$$-1.960 \leq \frac{\overline{x} - \mu}{\sigma/\sqrt{n}} \leq 1.960 \quad \therefore k_{0.05} = 1.960$$

$$-\overline{x} - 1.960\sigma/\sqrt{n} \leq -\mu \leq -\overline{x} + 1.960\sigma/\sqrt{n}$$

$$\overline{x} - 1.960\sigma/\sqrt{n} \leq \mu \leq \overline{x} + 1.960\sigma/\sqrt{n}$$

又は，$\overline{x} \pm 1.960\sigma/\sqrt{n}$ にて式(2.4)となる．

[例 2.1]′

例 2.1 の問題の結論が $\alpha = 5\%$ にて有意差ありとなったので，これを"片側検定"の問題の内容にすり替えると，"従来の母材 B より新材料 C の方が強度が高いといえるか"．もし，高ければ，材料の購入を検討したい．

　　片側検定

解　析

〈検　定〉（片側：大きい方）［片側検定は片側のみにて対立仮説(H_1)を考える．］

（注　この場合小さいほうは物理的に考えていない.）

手順1　省略

手順2　仮説　$H_0 : \mu_0 = \mu$　　　$H_1 : \mu_0 < \mu$

手順3　u_0 の計算は前者の両側検定と同じ．$u_0 = 2.20$

手順4　正規分布表より，$\alpha = 5\%$，1% を求める．図2.6より，

$$k_{0.05} = 1.645 \quad k_{0.01} = 2.326$$

$$\therefore \ k_{0.05} = 1.645 < u_0 = 2.20 < k_{0.01} = 2.326$$

$\alpha = 5\%$ にて有意である．（H_1 採択）

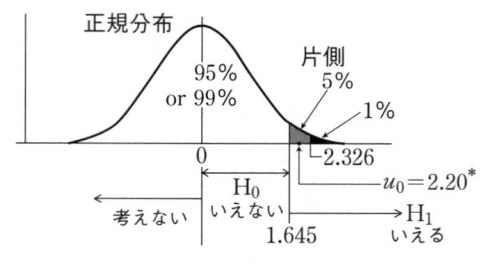

図 2.6

手順5　結論　従来の母材より新材料の方が強度は高いといえる．購入について検討する．

◎　推定については，片側検定も両側検定も計算は同じ．［例2.1］参照.

〈参考〉　統計量と母数の関係

サンプルの	平均値($\bar{x}$)	で	母平均　　(μ)	を推定する．$\bar{x} = \hat{\mu}$
サンプルの	標準偏差(s)	で	母標準偏差(σ)	を推定する．$s = \hat{\sigma}$
サンプルの	不偏分散(V)	で	母分散　　(σ^2)	を推定する．$V = \hat{\sigma}^2$
一般に	統計量	で	母数	を推定する．

2.3.2　t 検定（従来の母平均の σ が未知の場合）（図2.2 ⓑ）

これは，t 分布（表）を用いて検定を行う．t 分布は Student（ペンネームで，本名は Gosset）が考案したので Student の t を取って t 分布という．

従来の母集団 μ が既知で，σ が未知の場合は，σ をサンプルから不偏分散の平方根 $\hat{\sigma} = \sqrt{V}$ を求め，母標準偏差 σ の推定値として取り扱う．

2.3 母平均に対する検定及び推定

すなわち，$\hat{\sigma}=s=\sqrt{V}$ のときの自由度 $\phi=n-1$ であり，t 分布は自由度 ϕ に従う．また，<u>t 分布（表）の自由度 $\phi=\infty (n=\infty)$ のときに正規分布と等しくなる</u>．

t 表，両側 5%　　　　正規分布 (u) 表，両側 5%
$t(\infty, 0.05)=1.960$ ⟷ $k_{0.025}=1.960$

◎　検定の式は，$t_0 = \dfrac{\overline{x}-\mu_0}{\sqrt{V}/\sqrt{n}}$ 　　　　　　　　　　　(2.5)

◎　推定の式は，① 点推定　$\hat{\mu}=\overline{x}$

　　　　　　　　② 区間推定　$\overline{x} \pm t(\phi, 0.05) \sqrt{V}/\sqrt{n}$ 　　(2.6)

〈定義式〉

母分散 σ^2 がわからないときは，統計量 $u = \dfrac{\overline{x}-\mu}{\sigma/\sqrt{n}}$ を求めることはできない．そこで σ^2 の推定値として，不偏分散 V を用いて $t = \dfrac{\overline{x}-\mu}{\sqrt{V}/\sqrt{n}}$ を求めると，これは自由度 $\phi=n-1$ の t 分布に従う．これらの統計量は平均値に関する検定に用いることができる．

注　自由度 ϕ については『改訂 2 版 品質管理入門テキスト』参照．

［例 2.2］────────────────────────

ある工場で使用している圧力押出成型機は製品 1 個当たり 55 秒を要していた．しかし，需要の関係から成型時間の短縮を迫られ，新しく 1 個当たり <u>30 秒</u>（μ_0）で成型できるように改良し，圧力成型機の試作を行った．そのデータは次のとおりである．

表 2.1

単位　秒

28, 29, 35, 32, 30, 28, 29, 31, 31, 33, 29, 29, 31, 33, 32,
32, 30, 29, 32, 30, 31, 34, 27, 28, 31, 30, 29, 28, 30, 31

(1) 改良機の成型時間の母平均は <u>30 秒といえるか</u>．
　　　　　　　　　　　　　　　　　　（両側検定）
(2) その母平均推定を行え．

解析
〈検定〉

表 2.2

$n=30$

No.	1	2	3	4	5	6	7	8	9	10	11	12	13	14	15		
x_i	28	29	35	32	30	28	29	31	31	33	29	29	31	33	32		
x_i^2	784	841	1 225	1 024	900	784	841	961	961	1 089	841	841	961	1 089	1 024		
No.	16	17	18	19	20	21	22	23	24	25	26	27	28	29	30	計	
x_i	32	30	29	32	30	31	34	27	28	31	30	29	28	30	31	912	$\sum x_i$
x_i^2	1 024	900	841	1 024	900	961	1 156	729	784	961	900	841	784	900	961	27 832	$\sum x_i^2$

注　データより，$\bar{x}$ と V を求める．

手順 1　$\bar{x} = \dfrac{\sum x_i}{n} = \dfrac{912}{30} = 30.4$ （秒）

手順 2　$S = \sum(x_i - \bar{x})^2 = \sum x_i^2 - \dfrac{(\sum x_i)^2}{n} = 27\,832 - \dfrac{(912)^2}{30} = 107.2$ （秒）^{2}

手順 3　$V = \dfrac{S}{n-1} = \dfrac{107.2}{30-1} = 3.7$ （秒）^{2}

手順 4　$H_0 : \mu_0 = \mu$　　$H_1 : \mu_0 \neq \mu$

手順 5　$t_0 = \dfrac{|\bar{x} - \mu_0|}{\sqrt{V/n}} = \dfrac{|30.4 - 30.0|}{\sqrt{3.7/30}} = \dfrac{0.4 (秒)}{0.35 (秒)} = 1.14$　（無単位）

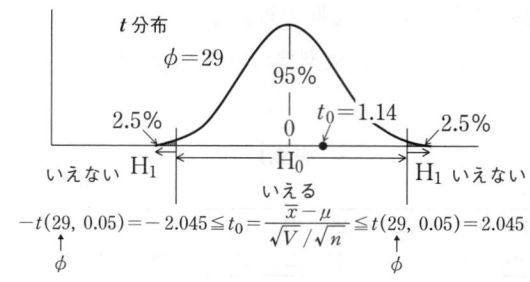

図 2.7

手順 6　$t(29,\ 0.05) = 2.045 > t_0 = 1.14$　（H_0 採択）　（図 2.7 のようになる．）

手順 7　したがって，有意水準 5％にて H_0 が採択．すなわち，改良した圧力成型機の成型時間は 30 秒と見なしてよい．

"付表2 t 表"(p.205)より

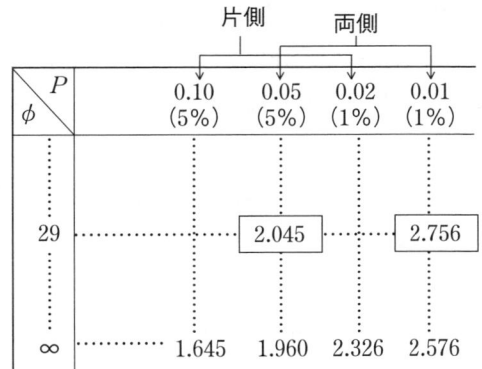

〈推　定〉

① 点推定　$\hat{\mu} = \overline{x} = 30.4$（秒）　　$\phi = n - 1 = 30 - 1 = 29$

② 区間推定　$\overline{x} \pm t(29, 0.05)\sqrt{V/n} = 30.4 \pm 2.045\sqrt{3.7/30} = 30.4 \pm 0.72$

∴　$29.68 \leq \mu \leq 31.12$（秒）

〈補足〉　一般に図2.7より，

$$-t(\phi, 0.05) \leq \frac{\overline{x} - \mu}{\sqrt{V}/\sqrt{n}} \leq t(\phi, 0.05)$$

$$-t(\phi, 0.05)\sqrt{V}/\sqrt{n} \leq \overline{x} - \mu \leq t(\phi, 0.05)\sqrt{V}/\sqrt{n}$$

$$\overline{x} - t(\phi, 0.05)\sqrt{V}/\sqrt{n} \leq \mu \leq \overline{x} + t(\phi, 0.05)\sqrt{V}/\sqrt{n}$$

又は，$\overline{x} \pm t(\phi, 0.05)\sqrt{V}/\sqrt{n}$ にて式(2.6)となる．

2.4　母分散の違いの検定と推定〈ばらつきの検定〉

2.4.1　χ^2 検定（母分散 σ^2 が既知の場合）

χ^2 分布：chi-square disdtribution：一説では Cochran の定理ともいわれているようである．

χ^2 検定概要（図2.2 ⓒ）

基準とするばらつき σ が既知の場合は χ^2 分布（表）を用いてばらつきの検定

を行う.

定義式の分母は基準となるばらつき σ^2 に対して分子は偏差平方和 S(統計量)との比を χ^2 分布として取り扱い,分母,分子の単位は同じ(単位)^2 をもっているので,χ^2 の値は無単位として取り扱われる.ただし,この場合 χ^2 分布は分子の自由度 $\phi = n-1$ に従う.

ここでは,統計量 $\bar{x}$ を用いるので定義式②を用いて解析する.したがって,②と式(2.7)は全く同じ式である.

〈定義式〉

① $\chi^2 = \dfrac{\Sigma(x_i - \mu)^2}{\sigma^2}$ は,自由度 $\phi = n$ の χ^2 分布に従う.

② $\chi^2 = \dfrac{\Sigma(x_i - \bar{x})^2}{\sigma^2}$ は,自由度 $\phi = n-1$ の χ^2 分布に従う.

注 ①,②の式の説明は省略する.ここでは定義とする.

$$\chi^2 = \frac{S}{\sigma^2} = \frac{\Sigma(x_i - \bar{x})^2}{\sigma^2} \tag{2.7}$$

〈推 定〉 点推定 $\hat{\sigma}^2 = V$ (2.8)

区間推定 $\dfrac{S}{\chi^2(\phi, 0.025)} \leqq \sigma^2 \leqq \dfrac{S}{\chi^2(\phi, 0.975)}$ (2.9)

[例 2.3]

例 2.1 では従来から用いている母材の標準偏差と新材料の標準偏差は,この場合は変わらないものとして解析を行って来たが,果たして従来の母材料と新材料とのばらつきに違いがあるといえるか検討したい.

ただし,$n = 10$ 個,$\sigma_0 = 2.3$ (kgf/cm^2) (両側検定)

2.4 母分散の違いの検定と推定

表 2.3

i	x_i	x_i^2
1	16.5	272.25
2	14.3	204.49
3	18.5	342.25
4	14.6	213.16
5	18.2	331.24
6	16.1	259.21
7	15.2	231.04
8	19.7	388.09
9	13.6	184.96
10	17.3	299.29
計	164.0	2 725.98
	$\sum x_i$	$\sum x_i^2$

(1) 両者のばらつきに違いがあるといえるか．（両側検定）
(2) 新材料の母分散を点推定及び信頼度 95％の区間推定する．

解 析

手順1 平方和 S 及び自由度 ϕ を求める．

$$S = \sum x_i^2 - \frac{(\sum x_i)^2}{n} = 2\,725.98 - \frac{(164.0)^2}{10} = 36.38 \ (\mathrm{kgf/cm^2})^2$$

$\phi = 10 - 1 = 9$

手順2 仮説 $\mathrm{H}_0 : \sigma_0^2 = \sigma^2$（従来の標準偏差 σ_0 と新材料の標準偏差 σ と違いがない）
$\mathrm{H}_1 : \sigma_0^2 \neq \sigma^2$（従来の標準偏差 σ_0 と新材料の標準偏差 σ と違いがある）

（両側検定）

手順3 χ^2 の値を求める．

$$\chi_0^2 = \frac{S}{(\sigma_0)^2} = \frac{36.38 \ (\mathrm{kgf/cm^2})^2}{(2.3)^2 \ (\mathrm{kgf/cm^2})^2} = \frac{36.38}{5.29} = 6.88 \quad (\text{無単位})$$

ただし，従来の標準偏差 $\sigma_0 = 2.3 \ (\mathrm{kgf/cm^2})$ である．

手順4 χ^2 表より検定基準を作る．

26   第2章　計量値の検定及び推定

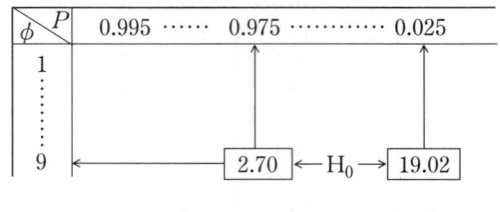

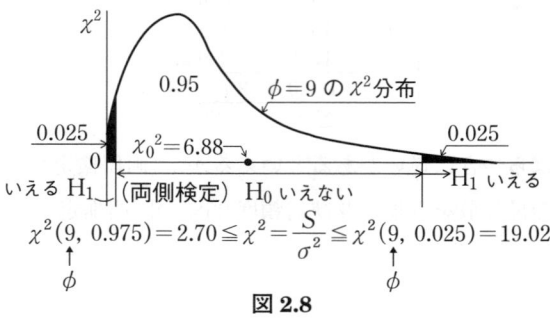

図 **2.8**

手順5　検定を行う．

図 2.8 より $\chi_0^2 = 6.88$ は $\chi^2(9, 0.975) = 2.70 \sim \chi^2(9, 0.025) = 19.02$ の内にあるのでばらつきは変わらないと見なす．（H_0 採択：有意でない）

〈推　定〉

① 点推定（母分散）　$\hat{\sigma}^2 = V = \dfrac{S}{n-1} = \dfrac{36.38}{10-1} = 4.04\ (\text{kgf/cm}^2)^2$

　　（標準偏差）　$\hat{\sigma} = s = \sqrt{V} = \sqrt{4.04(\text{kgf/cm}^2)^2} = 2.01\ (\text{kgf/cm}^2)$

　　　　　　　　$\sigma_0 = 2.3\ (\text{kgf/cm}^2)$

② 区間推定（母分散）　$\dfrac{S}{\chi^2(9, 0.025)} \leq \sigma^2 \leq \dfrac{S}{\chi^2(9, 0.975)}$　より

　　　　　　　　$\dfrac{36.38}{19.02} \leq \sigma^2 \leq \dfrac{36.38}{2.70}$

　　　　　　　　$\therefore\ \ 1.91 \leq \sigma^2 \leq 13.47\ (\text{kgf/cm}^2)^2$

　　（標準偏差）　$\sqrt{1.91} \leq \sqrt{\sigma^2} \leq \sqrt{13.47} = 1.38 \leq \sigma \leq 3.67\ (\text{kgf/cm}^2)$

2.4 母分散の違いの検定と推定

〈補足〉 一般に図 2.8 より，

$$\chi^2(\phi, 0.975) \leq \chi^2 = \frac{S}{\sigma^2} \leq \chi^2(\phi, 0.025)$$

$$\frac{1}{\chi^2(\phi, 0.975)} \geq \frac{\sigma^2}{S} \geq \frac{1}{\chi^2(\phi, 0.025)}$$

$$\therefore \quad \frac{S}{\chi^2(\phi, 0.025)} \leq \sigma^2 \leq \frac{S}{\chi^2(\phi, 0.975)} \quad \text{にて式}(2.9)\text{となる}.$$

[例 2.4]

ある製品の引張強さの標準偏差は従来 $\sigma_0 = 1.79 \, (\text{N/mm}^2)$ とされている．製品のばらつきを小さくするため，更に改善を行い試作品を $n=16$ 個作り，標準偏差を求めたら $s=0.764 \, (\text{N/mm}^2)$ であった．従来よりばらつきは小さくなったといえるか検討する．
片側検定

解析

従来　　$\sigma_0 = 1.79 \, (\text{N/mm}^2)$
改善後　$s = 0.764 \, (\text{N/mm}^2)$

これより　$s^2 = \dfrac{S}{n-1}$

$\therefore \quad S = (n-1)s^2 = (16-1)(0.764)^2 = 8.755 \qquad \phi = 15$

〈検定〉

手順1　仮説　$H_0 : \sigma_0^2 = \sigma^2 \qquad H_1 : \sigma_0^2 > \sigma^2$ （片側検定）

手順2　$\chi_0^2 = \dfrac{S}{\sigma_0^2} = \dfrac{8.755}{(1.79)^2} = 2.73^{**}$

手順3　$\chi^2(15, 0.95) = 7.26 > \chi^2(15, 0.99) = 5.23 > \chi_0^2$

したがって，有意水準 $\alpha = 1\%$ にて有意である．（H_1 採択）

手順4　結論　改善によりばらつきは減少したといえる．

〈推定〉

手順5　点推定　$\hat{\sigma}^2 = s^2 = (0.764)^2 = 0.584 \, (\text{N/mm}^2)^2$

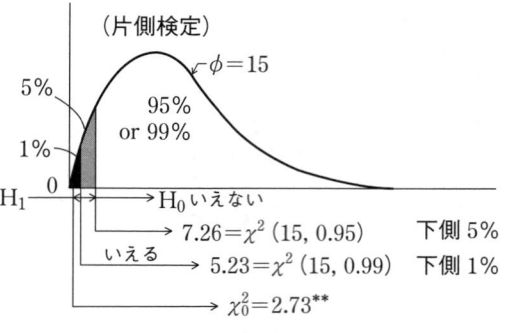

図 2.9

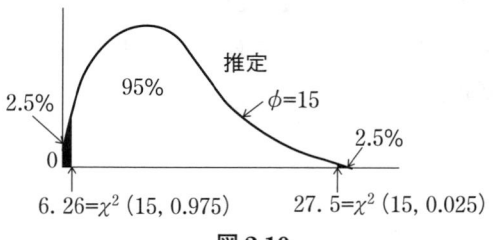

図 2.10

手順 6 区間推定［区間推定はこの場合，$\phi=15$ の両側の値を用いる（図 2.10）．］

$$\frac{S}{\chi^2(15,\ 0.025)} \leq \sigma^2 \leq \frac{S}{\chi^2(15,\ 0.975)}$$

$\therefore\ \dfrac{8.755}{27.5} \leq \sigma^2 \leq \dfrac{8.755}{6.26}$

$\therefore\ 0.318 \leq \sigma^2 \leq 1.399\ (\text{N/mm}^2)^2$

また，$0.56 \leq \sigma \leq 1.18\ (\text{N/mm}^2)$

"付表 3　χ^2 表"（p.206）より

ϕ \ P	下側 1%		下側 5%	
	0.99	0.975	0.95	0.025
			両側 5%	
⋮	⋮	⋮	⋮	⋮
$\phi=15$	5.23	6.26	7.26	27.5
⋮	⋮	⋮	⋮	⋮

2.4 母分散の違いの検定と推定

2.4.2 F 検定（母分散 σ^2 が未知の場合） （図 2.2 ⓓ）

F 分布は数学者の Fisher によって作られ，頭文字を取って F（分布）表といい，これを用いて F 検定を行うこともある．

2 組の正規母集団からそれぞれランダムに取られたサンプル n_1 と n_2 との分散（ばらつき）に違いがあるといえるか．（等分散検定によく用いられる．）

$$F = \frac{V_1}{V_2} \tag{2.10}$$

注　V_1 と V_2 のうち値の大きいほうを分子にとる．この場合は $V_1 > V_2$ とする．
　　このときの $\phi_1 = n_1 - 1$, $\phi_2 = n_2 - 1$ である．

〈定　義〉

2 組の正規母集団から取った，n_1, n_2 個のサンプルより不偏分散 V_1, V_2 を求めると，その比 V_1, V_2 は自由度 $\phi_1 = n_1 - 1$, $\phi_2 = n_2 - 1$ の F 分布に従う．

これらの統計量は分散に関する検定に用いることがある．

[例 2.5]

A 社では，ある新製品（鋳物）の外径を切削加工することにして，2 台の旋盤を買い入れた．旋盤(1)，旋盤(2)で加工し寸法を測定したところ表 2.4 のようになった．2 台の旋盤による<u>分散の違いがあるといえるか</u>．
両側検定

表 2.4
単位　mm

旋盤 (1)	5.60	5.67	5.72	5.69	5.68	5.39
	5.47	5.39	5.30	5.05	4.80	4.75
旋盤 (2)	5.40	5.27	5.17	5.40	5.32	5.26
	5.29	5.22	5.18	4.84	4.83	―

解 析
〈検 定〉
手順 1

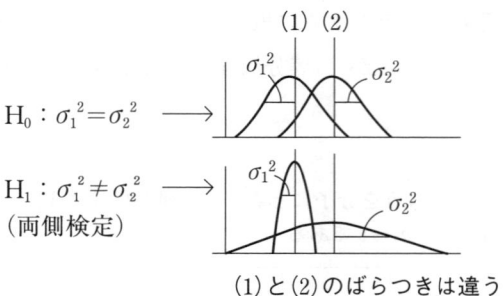

(1)と(2)のばらつきは同じ．

$H_0 : \sigma_1^2 = \sigma_2^2$

$H_1 : \sigma_1^2 \neq \sigma_2^2$
（両側検定）

(1)と(2)のばらつきは違う．

図 2.11

表 2.5

	(1) $n_1=12$		(2) $n_2=11$	
i	x_1	x_1^2	x_2	x_2^2
1	5.60	31.360 0	5.40	29.160 0
2	5.67	32.148 9	5.27	27.772 9
3	5.72	32.718 4	5.17	26.728 9
4	5.69	32.376 1	5.40	29.160 0
5	5.68	32.262 4	5.32	28.302 4
6	5.39	29.052 1	5.26	27.667 6
7	5.47	29.920 9	5.29	27.984 1
8	5.39	29.052 1	5.22	27.248 4
9	5.30	28.090 0	5.18	26.832 4
10	5.05	25.502 5	4.84	23.425 6
11	4.80	23.040 0	4.83	23.328 9
12	4.75	22.562 5	—	—
計	64.51	348.085 9	57.18	297.611 2
	$\sum x_1$	$\sum x_1^2$	$\sum x_2$	$\sum x_2^2$

2.4 母分散の違いの検定と推定

手順2 $S_1 = \sum x_1^2 - \dfrac{(\sum x_1)^2}{n_1}$

$= 348.085\,9 - \dfrac{(64.51)^2}{12} = 1.290\,9 \ (\text{mm})^2$

手順3 $S_2 = \sum x_2^2 - \dfrac{(\sum x_2)^2}{n_2}$

$= 297.611\,2 - \dfrac{(57.18)^2}{11} = 0.379\,2 \ (\text{mm})^2$

手順4 $V_1 = \dfrac{S_1}{\phi_1} = \dfrac{1.290\,9}{11} = \underline{0.117\,35} \ (\text{mm})^2$

$\phi_1 = n_1 - 1 = 12 - 1 = 11$

手順5 $V_2 = \dfrac{S_2}{\phi_2} = \dfrac{0.379\,2}{10} = \underline{0.037\,92} \ (\text{mm})^2$

$\phi_2 = n_2 - 1 = 11 - 1 = 10$

F_0 の値は，V_1 と V_2 の値を比べて見て，大きい方を分子，小さい方を分母とする．
F_0 の値を1より大きくする．
$(F_0 \geqq 1)$
この例では $F_0 = (V_1/V_2)$ にするとよい．

手順6 $F_0 = \dfrac{V_1}{V_2} = \dfrac{(S_1/\phi_1)}{(S_2/\phi_2)} = \dfrac{(1.290\,9/11)}{(0.379\,2/10)}$

$\therefore \quad F_0 = \dfrac{0.117\,35}{0.037\,92} = 3.09 < F(10, 10\,;\,0.025) = 3.72$

F 分布表の見方 (付表4 参照)(p.210)

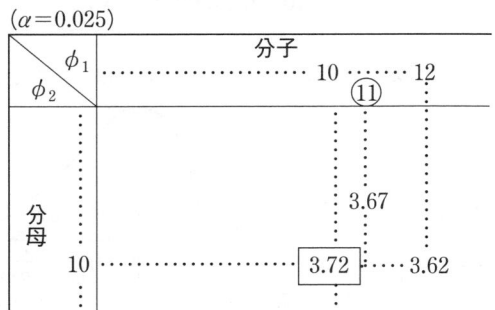

$F(\phi_1, \phi_2\,;\,0.025) = F(11, 10\,;\,0.025)$ は，F 表にないときは自由度の

小さいほうを $F(10, 10 ; 0.025)=3.72$ を用いればよい.

式(2.10)の分子の自由度 ϕ_1, 分母の自由度 ϕ_2 としたとき, $F(\phi_1, \phi_2 ; 0.025)$ 又は $F^{\phi_1}_{\phi_2}(0.025)$ で表してもよい.

又は $F(10, 10 ; 0.025)=3.72$ と $F(12, 10 ; 0.025)=3.62$ より比例配分して $F(11, 10 ; 0.025)=3.67$ を用いてもよい. ここでは, $F(10, 10 ; 0.025)=3.72$ を用いる.

したがって, $F_0=3.09 < F(10, 10 ; 0.025) = F^{10}_{10}(0.025)=3.72$

手順7 結論

一般に $F(\phi_1, \phi_2 ; 0.975) = \dfrac{1}{F(\phi_2, \phi_1 ; 0.025)}$ \hfill (2.11)

ただし, $F = \dfrac{V_1}{V_2}$

ここで,

$$F(11, 10 ; 0.975) = \dfrac{1}{F(10, 11 ; 0.025)}$$

がないため,

$$\dfrac{1}{F(10, 10 ; 0.025)}$$

で行う.

したがって,

$$F(10, 10 ; 0.975) = \dfrac{1}{F(10, 10 ; 0.025)} = \dfrac{1}{3.72} = 0.269$$

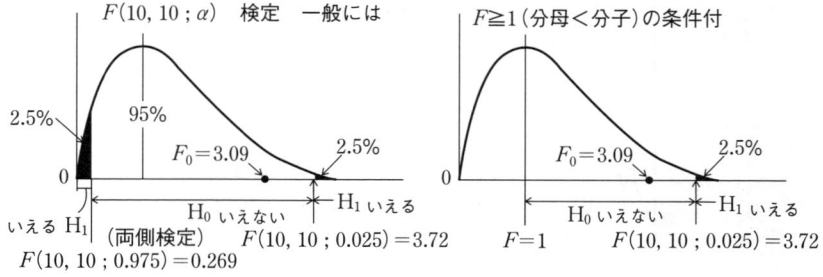

図 **2.12**

図 2.12 より，$F_0 = 3.09$ は，H_0 の範囲内にあり．H_0 が採択される．
H_0 が採択されるかどうかの検定を等分散性の検定ともいう．

この場合は，旋盤(1)と旋盤(2)のばらつきは等分散であると見なす．

〈推　定〉　母分散比の推定〈参考〉　（分散比にて無単位）

① 点推定　$F_0 = \dfrac{\hat{\sigma}_1^2}{\hat{\sigma}_2^2} = \dfrac{V_1}{V_2}$

$$\therefore F_0 = \dfrac{V_1}{V_2} = \dfrac{0.117\,35}{0.037\,92} = 3.09$$

② 区間推定　$\dfrac{1}{F(10,\,10\,;\,0.025)} \dfrac{V_1}{V_2} \leq \dfrac{\sigma_1^2}{\sigma_2^2} \leq F(10,\,10\,;\,0.025) \dfrac{V_1}{V_2}$

$$\dfrac{1}{3.72} \times \dfrac{0.117\,35}{0.037\,92} \leq \dfrac{\sigma_1^2}{\sigma_2^2} \leq 3.72 \times \dfrac{0.117\,35}{0.037\,92} \tag{2.12}$$

$$\therefore\ 0.83 \leq \dfrac{\sigma_1^2}{\sigma_2^2} \leq 11.50$$

2.5　2組のデータにおける平均値の差の検定と推定

これには，2組のデータに対応のない場合と対応のある場合がある．

2.5.1　2組のデータに対応のない場合

例えば，同じものを作っている工程 A ラインから n_A 個サンプルを抜き取り，平均値 $\overline{x}_A$ と B ラインから同様に n_B 個取り $\overline{x}_B$ との平均値の差の検定を行う場合，またある食品の糖度について A 社の製品と B 社の製品の平均値の差とか，またある化学薬品の主原料に添加剤を入れた場合と入れない場合の平均値の差など，いろいろ考えられる．

両者ともに独立性をもっている．

また，この場合は両者のばらつきが等分散であるかどうかを F 検定にて等分散検定を行う．その結果，等分散の場合は，図 2.2 の⑥で t 検定を行う．

等分散でない場合は，⑧で Welch の検定を行うが，精度がよくないのでここでは省略する．

等分散である場合，検定の式は次式を用いる．

$$t_0 = \frac{\overline{x}_1 - \overline{x}_2}{\sqrt{V[(1/n_1) + (1/n_2)]}} \tag{2.13}$$

$$V = \frac{S_1 + S_2}{\phi_1 + \phi_2} \quad \begin{bmatrix} \text{等分散にて式(2.14)が使える．}\\ \text{また，}\phi = \phi_1 + \phi_2 \end{bmatrix} \tag{2.14}$$

平均値の差の推定では，

① 点推定　$(\hat{\mu}_1 - \hat{\mu}_2) = \overline{x}_1 - \overline{x}_2$ (2.15)

② 区間推定　$(\hat{\mu}_1 - \hat{\mu}_2) \pm t(\phi, 0.05)\sqrt{V[(1/n_1) + (1/n_2)]}$ (2.16)

[例 2.6]

例 2.5 では旋盤(1)と旋盤(2)は互いに独立で，両者に対応がないため，両者のばらつきの検定（F 検定）を行った結果，等分散であった．

両者の平均値 $\overline{x}_1$ と $\overline{x}_2$ に差があるといえるか検定を行う．
　　　　　　　両側検定

解析

〈検定〉

手順 1　データのグラフ化

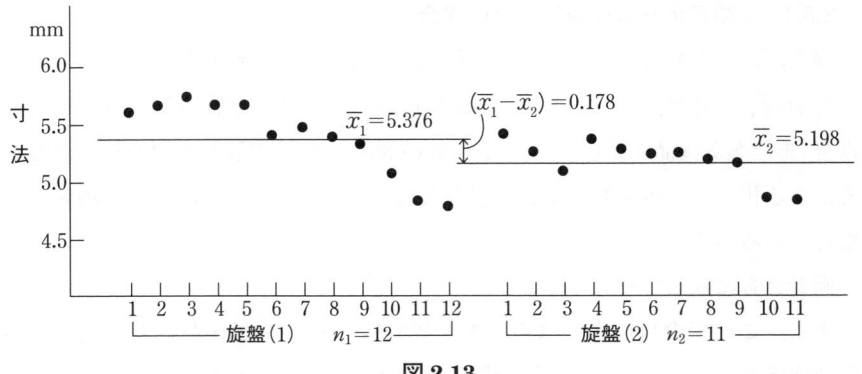

図 2.13

2.5 2組のデータにおける平均値の差の検定と推定

手順2 仮説を立てる．

$H_0 : \mu_1 = \mu_2$　　　$H_1 : \mu_1 \neq \mu_2$　（両側検定）

手順3 表2.5 より各平均値を求める．

$$\overline{x}_1 = \frac{\sum x_1}{n_1} = \frac{64.51}{12} = 5.376 \text{ (mm)}$$

$$\overline{x}_2 = \frac{\sum x_2}{n_2} = \frac{57.18}{11} = 5.198 \text{ (mm)}$$

手順4 式(2.13)，式(2.14) より t_0 を求める．ただし，$S_1 = 1.2909$，$S_2 = 0.3792$，

$\phi_1 = 12 - 1 = 11$　　$\phi_2 = 11 - 1 = 10$　　$\phi = \phi_1 + \phi_2 = 21$

$$V = \frac{S_1 + S_2}{\phi_1 + \phi_2} = \frac{S}{\phi} = \frac{1.2909 + 0.3792}{11 + 10} = \frac{1.6701}{21} = 0.0795 \text{ (mm)}^2$$

$$\therefore \quad t_0 = \frac{\overline{x}_1 - \overline{x}_2}{\sqrt{V[(1/n_1) + (1/n_2)]}} = \frac{5.376 - 5.198}{\sqrt{0.0795[(1/12) + (1/11)]}}$$

$$= \frac{0.178 \text{ (mm)}}{0.118 \text{ (mm)}} = 1.508$$

手順5 検定を行う．

$\phi = 21$　　　$t(\phi, 0.05) = t(21, 0.05) = 2.080$

$\therefore \quad t_0 = 1.508 < t(21, 0.05) = 2.080$

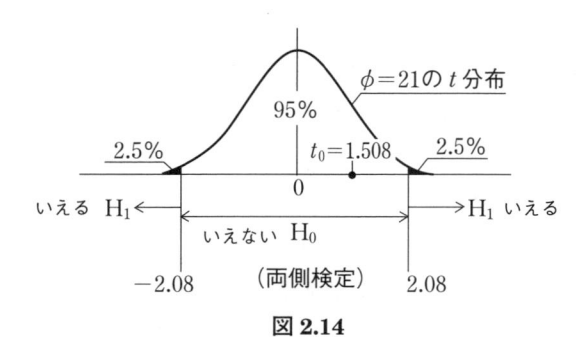

図2.14

手順6 結論　t_0 の値は H_0 の範囲内である．したがって，H_0 が採択される．

〈参考〉　両者の平均値の差の推定

① 点推定 $(\hat{\mu}_1 - \hat{\mu}_2) = \bar{x}_1 - \bar{x}_2 = 0.178$ (mm)
② 区間推定 $(\hat{\mu}_1 - \hat{\mu}_2) \pm t(21, 0.05)\sqrt{V[(1/n_1)+(1/n_2)]}$
   $= 0.178 \pm 2.080\sqrt{0.0795[(1/12)+(1/11)]}$
   $= 0.178 \pm 0.245$ (mm)
   $\therefore\ -0.067 \leqq (\mu_1 - \mu_2) \leqq 0.423$ (mm)

注 -0.067 の意味は $(\bar{x}_1 - \bar{x}_2)$ にて計算しており，この場合，$\bar{x}_1 > \bar{x}_2$ である．検定結果，両者に差があるとはいえない（H_0 採択）ので，ときには $\bar{x}_1 < \bar{x}_2$ ということがあるといえる．

2.5.2　2組のデータに対応のある場合 （図2.2 ⓗ）

例えば，2台の測定器 A，B があり，一つのロットから1個のサンプルを測定器 A と B で測り（非破壊測定），測定器間に差があるかどうかを知りたい場合，また破壊測定の場合は一つのロットから2個サンプリングして各測定器（ノギス）で A と B で測る．

また，一つの測定器で，加工前（A）と加工後（B）の特性値の差を知りたい場合など，いろいろな所に使われている．

このような場合には次式を用いる．

〈検　定〉

$$t_0 = \frac{\bar{d}}{\sqrt{V_d/n_d}} \tag{2.17}$$

ただし，$d = x_A - x_B \qquad \bar{d} = \frac{\Sigma d}{n_d}$ (2.18)

（d：difference の意味）

〈推　定〉

① 点推定　$\hat{\mu}_d = \bar{d}$ (2.19)
② 区間推定　$\hat{\mu}_d \pm t(\phi_d, 0.05)\sqrt{(V_d/n_d)}$ (2.20)
   ただし，この場合は，等分散検定は行わない．

[例 2.7]
ある製品についてロットごとに1個ずつ標準試料を作り，2台の測定器 A，

2.5 2組のデータにおける平均値の差の検定と推定   37

Bにて各比較測定を$\underset{n_d}{\underline{6\text{ロット}}}$について行った．（非破壊測定）

測定器A，B間に$\underset{両側検定}{\underline{差があるといえるか}}$，データは表2.6のとおりである．解析せよ．

表2.6 データ

単位 %

測定器＼ロット	1	2	3	4	5	6
A	2.6	3.5	3.1	1.8	2.8	2.4
B	2.4	2.9	1.5	1.9	2.0	1.6

解 析

〈検 定〉

手順1 データのグラフ化

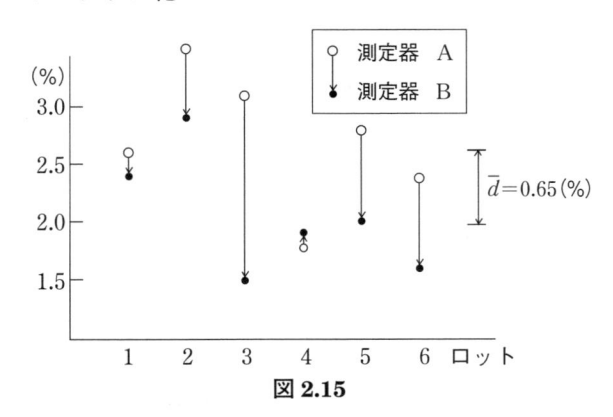

図2.15

手順2 補助表を作る（表2.7）．

表2.7 補 助 表

測定器＼ロット	1	2	3	4	5	6	計
A	2.6	3.5	3.1	1.8	2.8	2.4	
B	2.4	2.9	1.5	1.9	2.0	1.6	
$d=A-B$	0.2	0.6	1.6	-0.1	0.8	0.8	$3.9=\sum d$
d^2	0.04	0.36	2.56	0.01	0.64	0.64	$4.25=\sum d^2$

手順 3 仮説をたてる．

$H_0 : \mu_d = 0$　　$H_1 : \mu_d \neq 0$　　　$\because \mu_d = \mu_{(A-B)}$　　$n_d = 6$

手順 4 式(2.17)より t_0 を求める．

$$\overline{d} = \frac{\sum d}{n_d} = \frac{3.9}{6} = 0.65 \ (\%)$$

$$S_d = \sum d^2 - \frac{(\sum d)^2}{n_d} = 4.25 - \frac{(3.9)^2}{6} = 1.715 \ (\%)^2$$

$$\phi_d = n_d - 1 = 6 - 1 = 5$$

$$V_d = \frac{S_d}{\phi_d} = \frac{1.715}{5} = 0.343 \ (\%)^2$$

$$\therefore \ t_0 = \frac{\overline{d}}{\sqrt{V_d/n_d}} = \frac{0.65 \,(\%)}{\sqrt{0.343 \,(\%)^2/6}} = \frac{0.65 \,(\%)}{0.239 \,(\%)} = 2.72^*$$

手順 5 検定を行う．（両側検定）（図 2.16 参照）

$\phi_d = 5$ の　　$t(\phi_d, 0.05) = t(5, 0.05) = 2.571$

$t(5, 0.01) = 4.032$

$\therefore \ t(5, 0.05) = 2.571 < t_0 = 2.72 < t(5, 0.01) = 4.032$

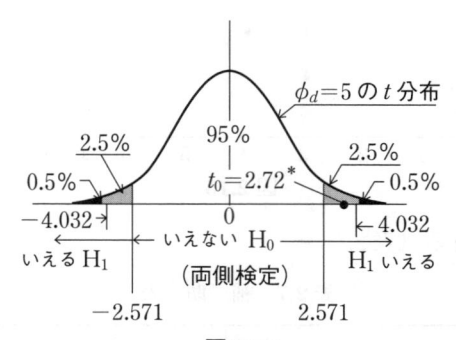

図 2.16

手順 6 <u>結論</u>　有意水準 5% にて有意差あり．（H_1 採択）

測定器 A と B に差があるといえる．

2.6 データの棄却検定 (rejection test)

同じ工程（母集団）から n 個のサンプルを取ったとき，一つ飛び離れて大きい値又は小さい値が得られることが生じる．このような場合の一つの考え方として，統計的には次のように取り扱うことがある．

同一作業条件において，繰り返し n 個取ったとき，このデータは x_1, x_2, x_3, …, x_{n-1}, x_n となる．このうち，x_n がほかのものより値が大きいか，あるいは小さいように思われる．

x_n はほかのものより飛び離れた値(outlying value)，あるいは同一母集団に属するとは疑わしい値(suspected value)という．

この x_n が棄却検定により棄却と判定されると，x_n は異常値となる．これを棄却検定という．例えば，データが 25.5　28.7　25.2　26.6　34.9　26.0 の6個の値が得られたとする．これを小さい順に並べ変えると，25.2　25.5　26.0　26.6　28.7　34.9 の順になる．この 34.9 という値は，飛び離れて大きいように見えるが，ほかのデータと母集団を異にしているといえるか検定する．

まず，データのグラフ化を行う．

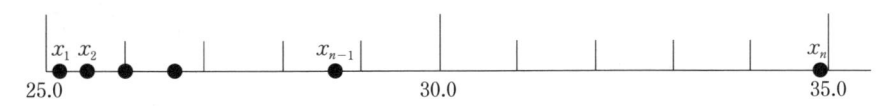

図 2.17 データの少ない場合のグラフ化

2.6.1 Grubbs の検定

小さい順に並べた x_i $(i=1, 2, 3, \cdots, n)$ について Grubbs の検定により，x_n の値が大きく離れている場合又は x_i の値が小さく離れている場合など，その値は外れ値かどうかを判定するには Grubbs の検定統計量 G_p を求める．

(a) 一つの値が大きく離れている場合　$G_p = [(x_n - \overline{x})/s]$　　　(2.21)

(b) 一つの値が小さく離れている場合　$G_p = [(\overline{x} - x_1)/s]$　　　(2.22)

この例は (a) に該当するので，式(2.21)を用いる．

また，
$$\overline{x} = \frac{\sum x_i}{n} \tag{2.23}$$

$$S = \sqrt{\frac{\sum(x_i - \overline{x})^2}{n-1}} = \sqrt{\frac{[\sum x_i^2 - (\sum x_i)^2]/n}{n-1}} \tag{2.24}$$

検定による問いかけで，$x_n = x_5 = 34.9$ は外れのデータとし，母集団を異にしているといえるか．

① 帰無仮説　$H_0 : \mu_0 = \mu (=34.9)$ はほかのデータと母集団を異にしているといえない．

② 対立仮説　$H_1 : \mu_0 \neq \mu (=34.9)$ はほかのデータと母集団を異にしているといえる．

表 2.8 より

表 2.8

i	x_i	x_i^2
1	25.2	635.04
2	25.5	650.25
3	26.0	676.00
4	26.6	707.56
5	28.7	823.69
6	34.9	1 218.01
計	166.9	4 710.55
	$\sum x_i$	$\sum x_i^2$

◎　$\overline{x} = \dfrac{166.9}{6} = 27.8$

◎　$S = \sqrt{\dfrac{[4\,710.55 - (166.9)^2/6]}{6-1}} = 3.69$

したがって，式(2.21)より検定統計量 G_p を求める．

◎　$G_p = \dfrac{(34.9 - 27.8)}{3.69} = \dfrac{7.1}{3.69} = 1.92$

［"付表 6　Grubbs の棄却限界値(外れ値が一つの場合)"(p.212)参照］

◎　$n=6$ の有意水準　$\alpha = 0.05$ のとき　$G(6, 0.05) = 1.887$

　　　　　　　　　　　$\alpha = 0.01$ のとき　$G(6, 0.01) = 1.973$

となり，$G(6, 0.05) = 1.887 < G_p < G(6, 0.01) = 1.973$

$\alpha = 5\%$ にて，帰無仮説 H_0 が棄却される．（H_1 が採択）

結論　$x_n = 34.9$ は異常値と判定される．（34.9 は棄却する．）

図 2.17 を見ても納得できる．ただし，物理的にその内容を検討することが肝要である．

このほか，Dixon，Smiroff，Cochran などの方法があるが，割愛する．

第3章　計数値の検定及び推定

計数値の検定及び推定は二項分布が用いられる．（図2.2 ①）

解析は，正規近似法，分割表を用い χ^2 検定による方法及び適合度検定などについて解説する．

3.1　正規分布，二項分布（binomial distribution），ポアソン分布（Poisson distribution）

二項分布は，スイスの数学者ヤコブ・ベルヌーイ（Jakob Bernoulli）によって作られた分布．また，ポアソン分布はPoissonによって作られた分布である．

横軸に不適合品率(%)，縦軸に出現度数を取ったとき，図3.1のような関係がある．

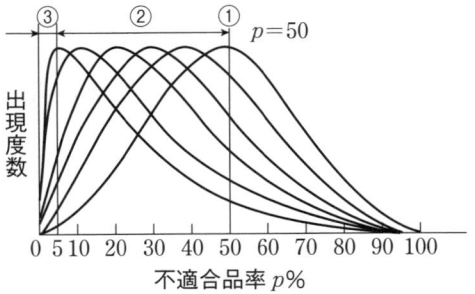

図 3.1

① 正規分布 $p=50$（左右対称分布）
$$f(x)=\frac{1}{\sqrt{2\pi}\,\sigma}e^{-\frac{(x-\mu)^2}{2\sigma^2}} \tag{3.1}$$

② 二項分布

$$P_x = \frac{n!}{x!(n-x)!} P^x (1-P)^{n-x} \tag{3.2}$$

③ ポアソン分布

$$P_x = e^{-m} \frac{m^x}{x!} \tag{3.3}$$

$$(x=0, 1, 2, \cdots, n)$$

そこで，二項分布は，図3.2より不適合品率 p，その不適合品率の分散 σ_p^2 とすると，

$$\sigma_p^2 = \frac{pq}{n} = \frac{p(1-p)}{n} \tag{3.4}$$

となる．ただし，$q=(1-p)$（適合品率）とする．

したがって，適合品率×不適合品率と検査個数の比率を不適合品率の分散 σ_p^2 にて定義している．

これは，式(3.2)に特定な条件を入れて解くと式(3.4)となる．故に，不適合品率の標準偏差を σ_p とする．（補足参照）

$$\sigma_p = \sqrt{\frac{p(1-p)}{n}} \quad \text{(二項分布)} \tag{3.5}$$

となる．この式(3.5)は一般によく用いられ，p 管理図の管理限界線にも使われている．

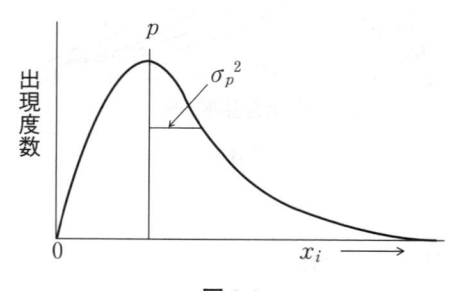

図 3.2

〈補足〉又は〈参考〉 二項分布より不適合品率の標準偏差 σ_p を誘導して求める．

二項分布：$p_{(x)} = (q+p) = 1$ とする．

3.1 正規分布,二項分布,ポアソン分布

ただし,適合品率 $q=(1-p)$,不適合品率 p とする.

二項分布定理
$$p_{(x)}=(q+p)^2=q^2+2qp+p^2 \quad (二項展開)\quad (x=1,2,3,\cdots,n)$$
$$p_{(x)}=(q+p)^n=q^n+{}_nC_1q^{n-1}p^1+{}_nC_2q^{n-2}p^2+\cdots\boxed{{}_nC_xq^{n-x}p^x}+\cdots+p^n \quad (1)$$

二項分布関数
$$p_{(x)}={}_nC_xq^{n-x}p^x=\frac{n!}{x!(n-x)!}q^{n-x}p^x\cdots\cdots\cdots 本文式(3.2)\quad (2)$$

この条件として,本文図 3.1 の②の分布にて $5\leqq p<50\%$ であること.
適合品と不適合品が混入している母集団(例えば $p=10\%$)について二つの条件を考える.

① この母集団からランダムに $n=1$ 個取ったとき,それが適合品の出る確率 $(x=0)$

式(2)より,$p_{(0)}=\dfrac{1!}{0!(1-0)!}q^{1-0}p^0=q$ となる.

ここに,$q=(1-p)$:適合品率
 p:不適合品率とする.

∴ $p_{(0)}=q=(1-p)$ 1個取ったものが適合品である確率.

② この母集団からランダムに $n=1$ 個取ったとき,それが不適合品の出る確率 $(x=1)$

式(2)より,$p_{(1)}=\dfrac{1!}{1!(1-1)!}q^{1-1}p^1=p$

となり,1個取ったものが不適合品である確率.
そこで,不適合品率の分散を σ_p^2 とすると,

$$\sigma_p^2=\frac{不適合品率\times 適合品率}{データの数}=\frac{pq}{n} \quad (3)$$

すなわち,

$$\sigma_p^2=\frac{pq}{n}=\frac{p(1-p)}{n}(\%)^2\cdots\cdots\cdots\cdots 本文式(3.4)\quad (4)$$

その標準偏差

$$\sigma_p=\sqrt{\frac{p(1-p)}{n}(\%)^2}=\sqrt{\frac{p(1-p)}{n}}(\%)\cdots 本文式(3.5)\quad (5)$$

(ただし,$0!=1!=1$ また $q^0=p^0=1$)

また,$E(p)\pm 3D(p)=p\pm 3\sigma_p=p\pm 3\sqrt{\dfrac{p(1-p)}{n}}$

ただし,$E(p)$:p の期待値,$D(p)$:p の期待する標準偏差.

3.2 計数値の検定と推定の種類

種類を大別すると計算法と簡易法（推計紙又は二項確率紙を用いる方法など）とがあり，計算法にも正規（分布）近似法と分割表を用い χ^2 分布を用いて検定する方法がある．ただし簡易法は省略する．

3.3 計　算　法

3.3.1 正規近似法（母不適合品率の差の検定と推定）（母不適合品率 P が既知の場合）

　　　［検定：式(3.7)］［推定：式(3.8)，式(3.9)］

近似条件として，① $5 \leq p < 50(\%)$，② $pn \geq 5$ のとき，計量値の正規 (u) 検定では式(2.1)が基本式となっている．

表 3.1 より計量値の式(2.1)を計数値で書き換えると式(3.6)のようになる．

$$u_0 = \frac{|x_i - \mu|}{\sigma} \tag{2.1}$$

$$u_0 = \frac{p_i - P_0}{\sigma_p} \tag{3.6}$$

表 3.1

計量値	計数値
x_i	$\longrightarrow$ p_i
μ	$\longrightarrow$ P_0
σ	$\longrightarrow$ σ_p
n	$\longrightarrow$ n

そこで，$\sigma_p = \sqrt{\dfrac{P_0(1-P_0)}{n}}$

とする．

〈検　定〉

$$u_0 = \frac{p - P_0}{\sqrt{\dfrac{P_0(1-P_0)}{n}}} \tag{3.7}$$

〈推　定〉

　点推定　　$\hat{P} = p$ 　　　　　　　　　　　　　　　　　　　　(3.8)

　区間推定　$p \pm K_{0.025} \sqrt{\dfrac{p(1-p)}{n}}$ 　　　　　　　　　　(3.9)

［例 3.1］

　ある電機部品の不適合品率は過去のデータ（例えば p 管理図）の結果より平均不適合品率が 10%（p_0）であった．不適合品低減のため，工程の一部を改善し，サンプルを 140（n）個取ったら 7（pn）個不適合品があった．
　果たして，工程の改善効果があったといえるか（片側検定），検討せよ．

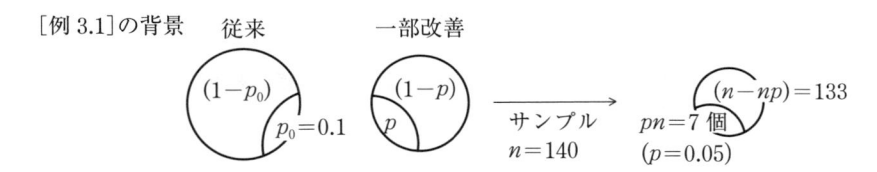

［例 3.1］の背景

従来： $(1-p_0)$, $p_0 = 0.1$

一部改善： $(1-p)$, p

サンプル $n = 140$ → $(n-np) = 133$, $pn = 7$ 個 ($p = 0.05$)

解析

〈検定及び推定〉

手順 1　このときの $P_0 = 0.1$　　$p = (pn/n) = (7/140) = 0.05$

　　　正規近似

　　　　① $P_0 = 0.1 < 0.5$　　② $P_n = 0.1 \times 140 = 14 > 5$

　　　にて近似条件を満足する．

手順 2　$H_0 : P_0 = P$　　$H_1 : P_0 > P$　（片側検定）

手順 3　$u_0 = \dfrac{p - P_0}{\sqrt{\dfrac{P_0(1-P_0)}{n}}} = \dfrac{0.05 - 0.1}{\sqrt{\dfrac{0.1(1-0.1)}{140}}} = \dfrac{-0.05}{0.025} = -2.0^*$

手順 4　$K_{0.05} = -1.645 > u_0 = -2.0 > K_{0.01} = -2.326$

手順 5　結論　有意水準 5% にて有意である．（H_1 採択）

　　　すなわち，工程の改善効果があったといえる．

手順 6　点推定　$\hat{P} = p = 0.05$

手順 7　区間推定　$p \pm K_{0.025} \sqrt{\dfrac{p(1-p)}{n}} = 0.05 \pm 1.960 \sqrt{\dfrac{0.05(1-0.05)}{140}}$

　　　　　　　　　　　　　　　　　　　　　　　　$= 0.05 \pm 0.036$

　　　　　　∴　$0.014 \leqq P \leqq 0.086$　又は　$1.4\% \leqq P \leqq 8.6\%$

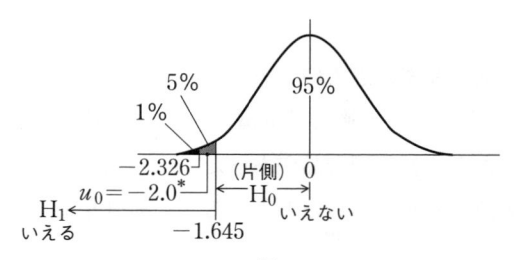

図 3.3

3.3.2 正規近似法（A, B 2 組の母不適合品率の差の検定）
（母不適合品率 P が未知の場合）

正規近似条件［① $5 \leq p < 50$ (%), ② $np \geq 5$ のとき］［検定：式(3.10), 式(3.11)］［推定：式(3.12), 式(3.13)］

〈検　定〉

$$u_0 = \frac{p_A - p_B}{\sqrt{\bar{p}(1-\bar{p})(\frac{1}{n_A} + \frac{1}{n_B})}} \tag{3.10}$$

$$\bar{p} = \frac{p_A n_A + p_B n_B}{n_A + n_B} \quad （荷重平均） \tag{3.11}$$

〈推　定〉　母平均の差の検定

点推定　　$\hat{P}_A - \hat{P}_B = p_A - p_B$ \hfill (3.12)

区間推定　$(\hat{p}_A - \hat{p}_B) \pm K_{0.025} \sqrt{\frac{p_A(1-p_A)}{n_A} + \frac{p_B(1-p_B)}{n_B}}$
\hfill (3.13)

［例 3.2］

ある自転車部品を A, B 2 台の機械で生産したところ, A は $\underset{n_A}{\underline{280}}$ 個中不適合品が $\underset{p_A n_A}{\underline{38}}$ 個, B は $\underset{n_B}{\underline{320}}$ 個中不適合品が $\underset{p_B n_B}{\underline{21}}$ 個あった.
機械 A, B の不適合品率に$\underset{両側検定}{\underline{差があるといえるか}}$検討せよ. その結果は表 3.2 のとおりである.

$$p_A = \frac{p_A n_A}{n_A} = \frac{38}{280} = 0.135\ 7$$

3.3 計算法

$$p_B = \frac{p_B n_B}{n_B} = \frac{21}{320} = 0.0656$$

$$\bar{p} = \frac{\bar{p}n}{n} = \frac{59}{600} = 0.0983$$

表 3.2 2×2の分割表

	A	B	計
適合品	242	299	541
不適合品	38	21	59
計	280	320	600

解 析

〈検 定〉 ［式(3.10)にて検定］

手順1 正規近似条件 $p_A = 0.1357 < 0.5$, $p_B = 0.0656 < 0.5$,
$\bar{p} = 0.0983 < 0.5$, $\bar{p}n = 59 > 5$ にて満足している．

手順2 $H_0 : P_A = P_B$ $H_1 : P_A \neq P_B$

手順3
$$u_0 = \frac{p_A - p_B}{\sqrt{\bar{p}(1-\bar{p})\left(\frac{1}{n_A} + \frac{1}{n_B}\right)}} = \frac{0.1357 - 0.0656}{\sqrt{0.0983(1-0.0983)\left(\frac{1}{280} + \frac{1}{320}\right)}}$$

$$= \frac{0.0701}{0.0244} = 2.873^{**}$$

手順4 $K_{0.025} = 1.960 < K_{0.005} = 2.576 < u_0 = 2.873$

手順5 結論 有意水準 1％にて有意差あり，（H_1 採択）

すなわち，機械 A, B の不適合品率の出方に差があるといえる．

〈推 定〉 ［式(3.13)にて推定］

手順6 点推定 $\hat{P}_A - \hat{P}_B = p_A - p_B = 0.1357 - 0.0656 = 0.0701$
∴ 7.01（％）

手順7 区間推定 $(p_A - p_B) \pm K_{0.025}\sqrt{\frac{p_A(1-p_A)}{n_A} + \frac{p_B(1-p_B)}{n_B}}$

より

$$0.070\,1 \pm 1.960\sqrt{\frac{0.135\,7(1-0.135\,7)}{280} + \frac{0.065\,6(1-0.065\,6)}{320}}$$

$$= 0.070\,1 \pm 0.048\,4$$

$$\therefore\ 0.021\,7 \leq (P_A - P_B) \leq 0.118\,5$$

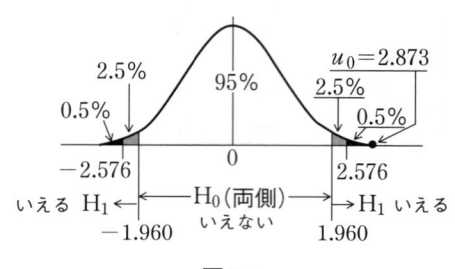

また，$2.17 \leq (P_A - P_B) \leq 11.85\ (\%)$

図 3.4

3.3.3　分割表を用いる方法（2 組以上の母不適合品率の差の検定）

［検定：式(3.14)，式(3.15)］

二つ以上の母不適合品率の違いの検定は，$l \times m$ の分割表により解析する．（χ^2 検定）

そこで，分割表とは，適合品個数，不適合品個数を $l=2$ 水準，及び機械に種類 A，B を $m=2$ 水準とし，その実測値 x_{ij} とすると，機種 A の適合品数 x_{11}，不適合品数 x_{21}，また，機種 B の適合品数 x_{12}，不適合品数 x_{22} となる．

これをまとめると，表3.3のようになる．これを $l \times m$ の分割表という．

この場合は，2×2 の分割表となる．全体を 4 つの部分に分割した表である．したがって，表3.3を 2×2 の分割表という．

分割表を用い，χ^2 検定を行うには，この分割表の実測値 (x_{ij}) より期待値 (X_{ij}) を求める．ここで，期待値 (X_{ij}) とは，実測値 (x_{ij}) はデータを取るごとに異なった値が得られるので，実測値が，期待する値（姿），これを期待値（目標値，標準値，基準値など）として考える．期待値について何らかの情報もないときには，実測値（表3.3）から表3.4のように期待値 (X_{ij}) を作り，これを用いて解析する．

3.3 計算法

表 3.3 実測値 (x_{ij}) $l \times m$ 分割表

i \ j	A	B	計
適合品	x_{11}	x_{12}	$x_{1.}$
不適合品	x_{21}	x_{22}	$x_{2.}$
計	$x_{.1}$	$x_{.2}$	$x_{..}$

表 3.4 期待値 (X_{ij})

i \ j	A	B	計
適合品	X_{11}	X_{12}	$X_{1.}$
不適合品	X_{21}	X_{22}	$X_{2.}$
計	$X_{.1}$	$X_{.2}$	$X_{..}$

そこで，実測値と期待値の差を取り，これをすべてについて行う．この場合は4とおりについて行い，これを合計すると，$\Sigma\Sigma(x_{ij}-X_{ij})=0$ となる．したがって，平方和 $S=\Sigma\Sigma(x_{ij}-X_{ij})^2$ の型にする．

これをそれぞれの期待値 X_{ij} で割り，基準化する．

すなわち，$\chi_0^2 = \dfrac{S}{X_{ij}} = \dfrac{\Sigma\Sigma(x_{ij}-X_{ij})^2}{X_{ij}}$ となる．

この値（分子）が小さければ，実測値は期待値に近い（差があるとはいえない）ことになり，帰無仮説（H_0）が採択されることになる．（ここでは，考え方のみに止め，詳細は入門の範中外なので省略する．）

ただし，期待値
$$X_{11}=\frac{x_{1.}\times x_{.1}}{x_{..}} \quad X_{12}=\frac{x_{1.}\times x_{.2}}{x_{..}} \\ X_{21}=\frac{x_{2.}\times x_{.1}}{x_{..}} \quad X_{22}=\frac{x_{2.}\times x_{.2}}{x_{..}} \quad \quad (3.14)$$

注　$x_{1.}$：x_1 の行の計　　$x_{.1}$：x_1 の列の計　　$x_{..}$：合計（$T=\Sigma\Sigma x_{ij}$）
　　　└─1 ドット（和）　　└─ドット 1（和）　　└─ドット・ドット（総和）

したがって，χ^2 検定は

$$\chi_0^2 = \Sigma\Sigma\frac{(実測値-期待値)^2}{期待値} = \Sigma\Sigma\frac{(x_{ij}-X_{ij})^2}{X_{ij}} \\ = \frac{(x_{11}-X_{11})^2}{X_{11}} + \frac{(x_{12}-X_{12})^2}{X_{12}} + \frac{(x_{21}-X_{21})^2}{X_{21}} + \frac{(x_{22}-X_{22})^2}{X_{22}} \quad (3.15)$$

[例 3.3]

例 3.2 を分割表を用い，χ^2 検定にて解析すると，次のようになる．

表 3.5 実測値 (x_{ij}) (2×2 分割表)

i \ j	A	B	計
適合品	242	299	541
不適合品	38	21	59
計	280	320	600

$x_1.$
$x_2.$

$x_{.1}$ $x_{.2}$ $x_{..}$

表 3.6 期待値 (X_{ij})

i \ j	A	B	計
適合品	252.5	288.5	541.0
不適合品	27.5	31.5	59.0
計	280.0	320.0	600.0

ただし，$X_{11} = \dfrac{x_1. \times x_{.1}}{x_{..}} = \dfrac{541 \times 280}{600} = 252.5$

以下，同様である．

〈検　定〉

手順1　仮説　$H_0 : P_A = P_B$　　　$H_1 : P_A \neq P_B$

手順2　$\chi_0^2 = \Sigma\Sigma \dfrac{(x_{ij} - X_{ij})^2}{X_{ij}}$

$= \dfrac{(242-252.5)^2}{252.5} + \dfrac{(299-288.5)^2}{288.5} + \dfrac{(38-27.5)^2}{27.5} + \dfrac{(21-31.5)^2}{31.5}$

$= 8.328$

手順3　$\phi = (l-1)(m-1) = (2-1)(2-1) = 1$

　　　　注　2×2 の分割表が一番小さい分割表である．

手順4　$\chi_0^2 = 8.328^{**} > \chi^2(1, 0.01) = 6.63$ より　$\alpha = 1\%$ にて有意である．（H_1 採択）　前解と一致する．

〈推定は省略〉

[例 3.4]

　ある種の永久磁石を作るためには焼入れ工程を行うが，焼入れ温度が磁気特性に影響を及ぼすため焼入れ温度 (℃) を3水準に分けて実験を行った．その結果は表 3.7 のとおりである．

　焼入れ温度の違いによって不適合品の出方に違いがあるといえるか検討せよ．

　なお，焼入れ温度をあまり上昇させると製品に亀裂が入る恐れがあるので，これ以上は上げたくない．（この問題は 2×3 分割表である．）

3.3 計算法

表 3.7 実測値(x_{ij})

温 度	A (1 000℃)	B (1 100℃)	C (1 200℃)	計
適 合 品	196	207	193	596
不適合品	32	18	39	89
計	228	225	232	685

【解 析】

2×3 の分割表を用いた検定にて，表 3.7 より期待値表 3.8 を作る．

表 3.8 期待値(X_{ij})

温 度	A (1 000℃)	B (1 100℃)	C (1 200℃)	計
適 合 品	198	196	202	596
不適合品	30	29	30	89
計	228	225	232	685

例えば，$X_{11}=\dfrac{228\times 596}{685}=198$

〈検 定〉

手順 1 $H_0 : P_A = P_B = P_C \qquad H_1 : P_A \neq P_B \neq P_C$

手順 2 $\chi_0^2 = \Sigma\Sigma\dfrac{(x_{ij}-X_{ij})^2}{X_{ij}} = \dfrac{(196-198)^2}{198} + \dfrac{(207-196)^2}{196} + \dfrac{(193-202)^2}{202}$

$\qquad\qquad + \dfrac{(32-30)^2}{30} + \dfrac{(18-29)^2}{29} + \dfrac{(39-30)^2}{30}$

$\qquad \therefore \quad \chi_0^2 = 8.04^*$

このときの自由度

$\qquad\qquad \phi = (l-1)(m-1) = (2-1)(3-1) = 2 \quad \therefore \quad \phi = 2$

ただし，水準数，適合品，不適合品を 2 水準で，$l=2$，温度 A，B，C を 3 水準で，$m=3$ とする．

手順 3 $\chi^2(2, 0.05) = 5.99 < \chi_0^2 = 8.04 < \chi^2(2, 0.01) = 9.21$

手順 4 結論 有意水準 5% にて有意である．（H_1 採択）

温度 A，B，C 間に不適合品率の出方に違いがあるといえる．

したがって，不適合品率の小さいものが最適条件となる．

$$p_A = \frac{32}{228} = 0.14 \qquad p_B = \frac{18}{225} = 0.08 \qquad p_C = \frac{39}{232} = 0.17$$

したがって，B→温度 1 100℃ が最適条件となる．

このほかに推計紙を用いる解法もあるが割愛する．

3.4 適合度の検定（χ^2 検定）による正規性の検討

3.4.1 適合度の検定とは

ある一つの条件設定に対し，それに似通った観測データが果たして適合し，当てはまっているかどうかを統計的に推測することを適合度の検定といい，俗に"当てはめの検定"ともいう．

例えば，年間計画に対し，実績値は計画どおり適合しているかどうか，また部品の加工寸法のヒストグラムを作り，それが正規分布と見なせるかどうかを検定する場合に用いる．

これには，χ^2 検定法と別に正規性の検定には"正規確率紙"を用いて検定する方法がある．正規確率紙を用いる方法については，『改訂 2 版 品質管理入門テキスト』の"5.4 正規性の検討（正規確率紙）"（p.83）を参照．

3.4.2 適合度検定の解析の考え方

まず，ヒストグラムの各区間の期待値 (m_i) を求め，それと実績値 (x_i) の差を 2 乗し，期待値 (m_i) で割る．これを各区間ごと求め，その和を χ^2 とする．

$$\chi^2 = \sum \frac{(x_i - m_i)^2}{m_i} \tag{3.16}$$

すなわち，適合度の検定は式(3.16)にて行う．［基本的には式(3.15)と同じ．］

3.4.3 例題及び解析

[例 3.5]

ある錠剤の質量(mg)を 100 個(1 日 5 個ずつ 20 日間)測定したら,表 3.9 のような結果を得た.なお,この規格値は 81.0±3.0(mg)である.

表 3.9 より表 3.10 を作り,これより図 3.5 のヒストグラムを作る.

このヒストグラムが正規分布に適合しているかを検討する.

表 3.9 錠剤の質量

単位 mg

日	x_1	x_2	x_3	x_4	x_5	日	x_1	x_2	x_3	x_4	x_5
9/1	80.5	82.1	81.5	82.6	82.9	14	80.2	82.7	81.0	80.5	79.9
2	80.1	82.0	79.7	81.4	80.3	16	80.8	81.0	82.3	81.3	79.3
3	82.8	81.4	81.1	81.3	81.9	19	82.8	79.1	80.2	81.4	79.9
5	80.8	78.4	83.2	83.3	84.2	20	81.6	81.6	81.6	80.3	81.5
6	81.5	79.4	80.2	79.0	84.8	21	80.2	80.6	80.3	80.8	83.0
7	83.3	80.9	82.2	80.8	82.0	22	81.7	81.6	81.1	80.9	79.6
8	81.8	80.1	81.1	81.9	82.2	26	78.7	81.4	81.0	80.0	80.2
9	82.3	82.5	80.0	81.7	80.5	27	81.4	82.5	83.5	84.1	81.8
12	82.7	81.0	83.0	80.9	81.2	29	80.3	80.6	79.5	81.7	81.6
13	81.4	83.7	80.5	80.9	81.8	30	80.6	82.0	79.6	82.0	80.5

表 3.10 度 数 表

No.	区 間	代表値(x_i)	f_i	u_i	$u_i f_i$	$u_i^2 f_i$
1	78.35〜78.95	78.65	2	−5	−10	50
2	78.95〜79.55	79.25	5	−4	−20	80
3	79.55〜80.15	79.85	9	−3	−27	81
4	80.15〜80.75	80.45	17	−2	−34	68
⑤	80.75〜81.35	81.05	18	−1	−18	18
6	81.35〜81.95	81.65=x_0	22	0	0	0
7	81.95〜82.55	82.25	11	1	11	11
8	82.55〜83.15	82.85	8	2	16	32
9	83.15〜83.75	83.45	5	3	15	45
10	83.75〜84.35	84.05	2	4	8	32
11	84.35〜84.95	84.65	1	5	5	25
計	$k=11$	$h=0.6$	100		−54	442
		記号	$n=\Sigma f_i$		$\Sigma u_i f_i$	$\Sigma u_i^2 f_i$

第3章　計数値の検定及び推定

$S_L = 78.0$　　$m = 81.0$　　$\bar{x} = 81.33$　　$S_U = 84.0$

度数（個）

ヒストグラム：
- 78.65: 2
- 79.25: 5
- 79.85: 9
- 80.45: 17
- 81.05: 18
- 81.65: 22
- 82.25: 11
- 82.85: 8
- 83.45: 5
- 84.05: 2
- 84.65: 1

x_i

錠剤の質量（mg）

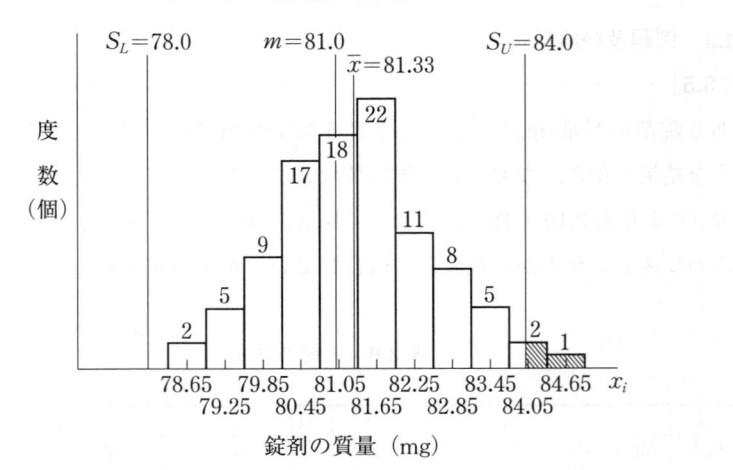

図 3.5 表 3.10 よりヒストグラム

① $\bar{x} = x_0 + \dfrac{\Sigma u_i f_i}{\Sigma f_i} h = 81.65 + \dfrac{-54}{100} \times 0.6 = 81.33$ (mg)

② $s = h\sqrt{\dfrac{\Sigma u_i^2 f_i - [(\Sigma u_i f_i)^2 / \Sigma f_i]}{\Sigma f - 1}} = 0.6\sqrt{\dfrac{442 - [(-54)^2/100]}{100 - 1}}$

　　　$= 1.23$ (mg)

解 析

手順 1　ヒストグラムの適合度の検定に用いる計算表（表 3.11, p.56–57）を作る.

手順 2　自由度 $\phi = k - 3 = 11 - 3 = 8$　　k：級の数 $= 11$

この場合は, $\phi = k - 1 = 10$ ではない, $\phi = 8$ である.

これは, $s = \sqrt{\dfrac{\Sigma(x_i - \bar{x})^2}{n-1}}$, $k_i = \dfrac{(限界値 - \bar{x})^2}{s}$,

$\chi_0^2 = \Sigma \dfrac{(x_i - m_i)^2}{m_i}$

3.4 適合度の検定(χ^2検定)による正規性の検討

各自由度を1個ずつ必要とするので

$$\phi = k - 3$$

となる．（詳細は省略）

手順3 χ^2検定　$H_0 : \sigma_0^2 = \sigma^2$　　　　$H_1 : \sigma_0^2 \neq \sigma^2$
　　　　　　（正規分布とみなす）　（正規分布とみなせない）

$\chi_0^2 = 2.655 < \chi^2(8, 0.05) = 15.51$　有意でない（H_0採択）

したがって，このヒストグラムは正規分布と見なす．

手順4 実測値と期待値の関係

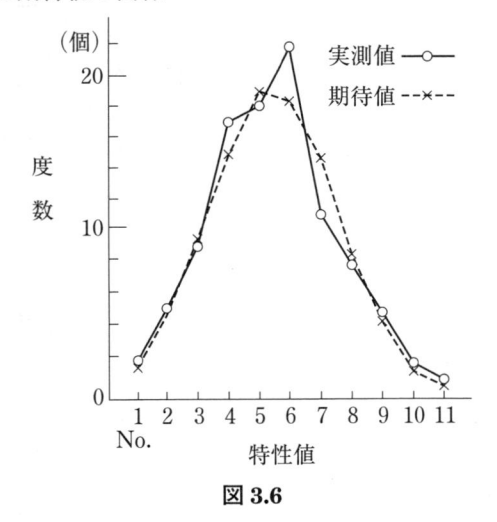

図 3.6

〈参考〉　表 3.11 の③と④の関係の図解説（図 3.7，p.58-59）

表 3.11

$n=100$ $\bar{x}=81.33$ $s=1.23$

③の境界値は級の区間の値のアンダーラインの方の値. ④正規分布

No.	級の区間	① 代表値	② 度数 f_i	③ $k_i = \dfrac{境界値 - \bar{x}}{s}$
1	~ 78.95	78.65	2	$k_1 = \dfrac{78.95 - 81.33}{1.23}$ $\therefore\ k_1 = -1.93$
2	78.95 ~ 79.55	79.25	5	$k_2 = \dfrac{79.55 - 81.33}{1.23}$ $\therefore\ k_2 = -1.45$
3	79.55 ~ 80.15	79.85	9	$k_3 = \dfrac{80.15 - 81.33}{1.23}$ $\therefore\ k_3 = -0.96$
4	80.15 ~ 80.75	80.45	17	$k_4 = \dfrac{80.75 - 81.33}{1.23}$ $\therefore\ k_4 = -0.47$
⑤	80.75 ~ 81.35	81.05	18	$\underline{p_5} = 1 - (p_4' + p_6')$
6	81.35 ~ 81.95	(x_0) 81.65	22	$k_6 = \dfrac{81.35 - 81.33}{1.23}$ $\therefore\ k_6 = 0.02$
7	81.95 ~ 82.55	82.25	11	$k_7 = \dfrac{81.95 - 81.33}{1.23}$ $\therefore\ k_7 = 0.50$
8	82.55 ~ 83.15	82.85	8	$k_8 = \dfrac{82.55 - 81.33}{1.23}$ $\therefore\ k_8 = 0.99$
9	83.15 ~ 83.75	83.45	5	$k_9 = \dfrac{83.15 - 81.33}{1.23}$ $\therefore\ k_9 = 1.48$
10	83.75 ~ 84.35	84.05	2	$k_{10} = \dfrac{83.75 - 81.33}{1.23}$ $\therefore\ k_{10} = 1.97$
11	84.35 ~	84.65	1	$k_{11} = \dfrac{84.35 - 81.33}{1.23}$ $\therefore\ k_{11} = 2.46$
計	$k=11$	$h=0.6$	100	

Σf_i

3.4 適合度の検定(χ^2検定)による正規性の検討

表より,例えば $k_1=-1.93$ の $p_1{}'=0.026\ 8 \rightarrow 0.027$ 以下同様.

④ 各級の区間に入る確率(p_i)	⑤ $n=100$ 期待値 $m_i=p_i n$	⑥ $\dfrac{(f_i-m_i)^2}{m_i}$
$k_1=-1.93$ の $p_1{}'=0.027$ $\underline{p_1}=p_1{}'=\underline{0.027}$	$m_1=2.7$	0.181
$k_2=-1.45$ の $p_2{}'=0.074$ $p_2=p_2{}'-p_1{}'$ $\underline{p_2}=0.074-0.027=\underline{0.047}$	$m_2=4.7$	0.019
$k_3=-0.96$ の $p_3{}'=0.169$ $p_3=p_3{}'-p_2{}'$ $\underline{p_3}=0.169-0.074=\underline{0.095}$	$m_3=9.5$	0.026
$k_4=-0.47$ の $p_4{}'=0.319$ $p_4=p_4{}'-p_3{}'$ $\underline{p_4}=0.319-0.169=\underline{0.150}$	$m_4=15.0$	0.267
$=1-(0.319+0.492)$ $=1-0.811=\underline{0.189}$	$m_5=18.9$	0.043
$k_6=0.02$ の $\underline{p_6{}'=0.492}$ $p_6=p_6{}'-p_7{}'=0.492-0.309$ $\therefore\ \underline{p_6=0.183}$	$m_6=18.3$	0.748
$k_7=0.50$ の $p_7{}'=0.309$ $p_7=p_7{}'-p_8{}'=0.309-0.161$ $\therefore\ \underline{p_7=0.148}$	$m_7=14.8$	0.976
$k_8=0.99$ の $p_8{}'=0.161$ $p_8=p_8{}'-p_9{}'=0.161-0.069$ $\therefore\ \underline{p_8=0.092}$	$m_8=9.2$	0.157
$k_9=1.48$ の $p_9{}'=0.069$ $p_9=p_9{}'-p_{10}{}'=0.069-0.024$ $\therefore\ \underline{p_9=0.045}$	$m_9=4.5$	0.056
$k_{10}=1.97$ の $p_{10}{}'=0.024$ $p_{10}=p_{10}{}'-p_{11}{}'=0.024-0.007$ $\therefore\ \underline{p_{10}=0.017}$	$m_{10}=1.7$	0.053
$k_{11}=2.46$ の $p_{11}{}'=0.007$ $\therefore\ \underline{p_{11}=-p_{11}{}'=0.007}$	$m_{11}=0.7$	0.129
1.000	100.0	$\chi_0^2=2.655$
$\sum p_i$	$\sum m_i$	$\chi_0^2=\sum\dfrac{(f_i-m_i)^2}{m_i}$

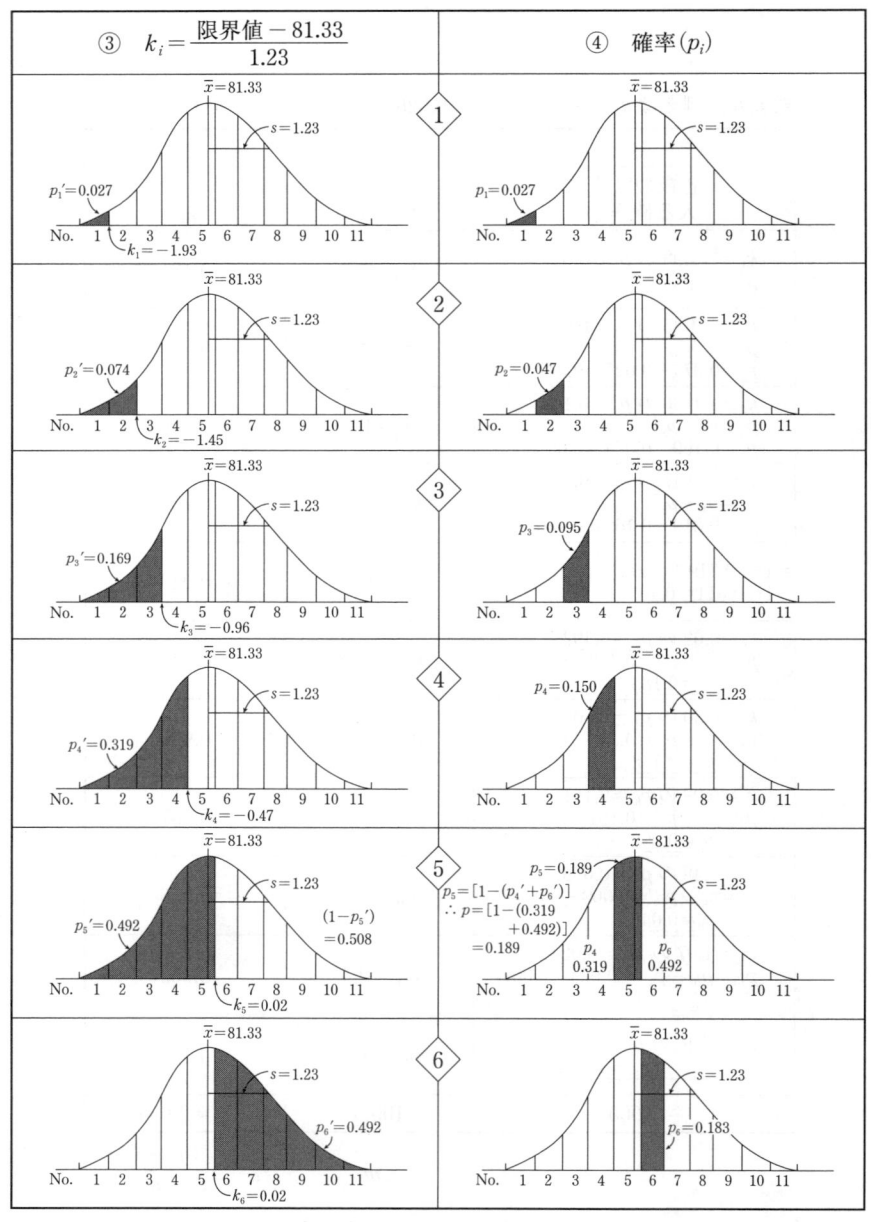

図 3.7　表 3.11 の ③，④ の図解説　$n=100$　$\bar{x}=81.33$　$s=1.23$

3.4 適合度の検定(χ^2検定)による正規性の検討　　　59

③ $k_i = \dfrac{限界値 - 81.33}{1.23}$　　　④　確率(p_i)

⑦　$p_7' = 0.309$，$k_7 = 0.50$　　　$p_7 = 0.148$

⑧　$p_8' = 0.161$，$k_8 = 0.99$　　　$p_8 = 0.092$

⑨　$p_9' = 0.069$，$k_9 = 1.48$　　　$p_9 = 0.045$

⑩　$p_{10}' = 0.024$，$k_{10} = 1.97$　　　$p_{10} = 0.017$

⑪　$p_{11}' = 0.007$，$k_{11} = 2.46$　　　$p_{11} = 0.007$

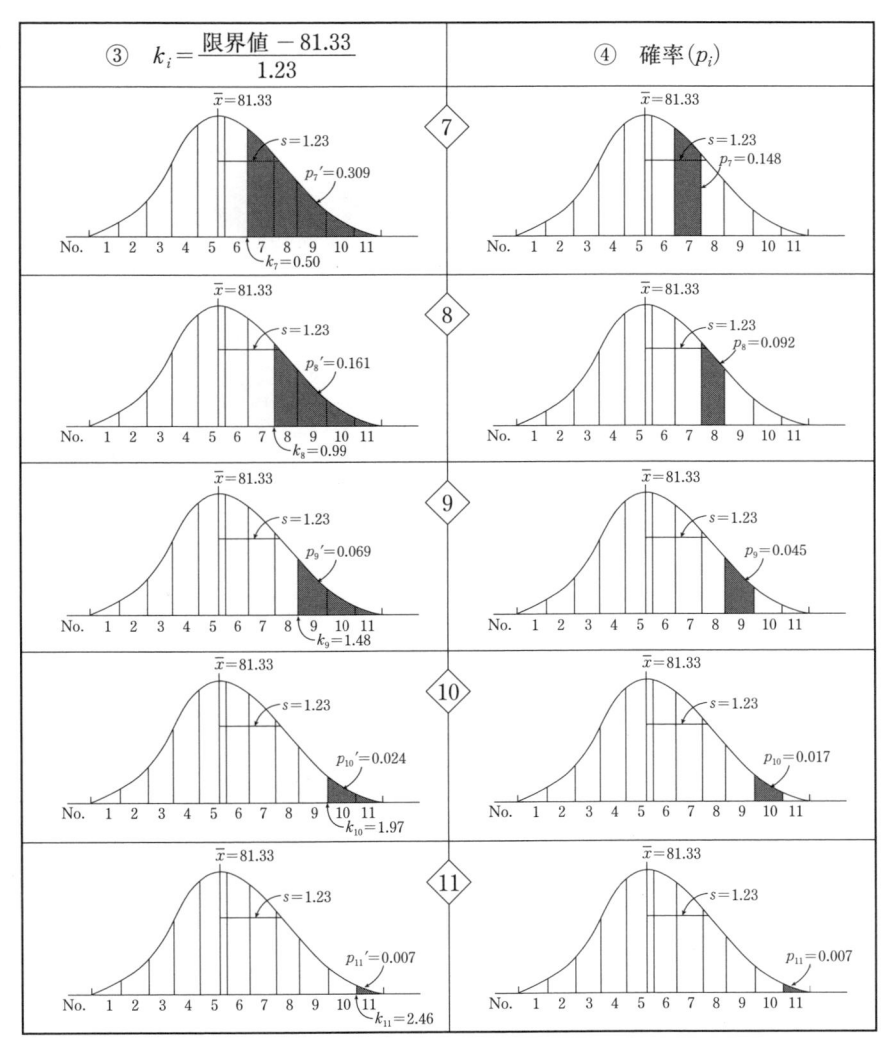

図 3.7　(続き)

図3.7は左右対称に書いてあるが，生データのヒストグラムでは少しひずんでいる．したがって，中心は少し左にずれている．この程度では問題ない．

第4章　相関分析と回帰分析

4.1　相関分析（correlation analysis）の考え方

例えば，カーボンの量(x)と硬さ(y)の関係，身長(x)に対する体重(y)の関係，焼入れ温度と硬さ，仕事量とその効果，ガソリンの消費量と走行距離などの相互間の関係を調べることを相関分析という．

ここで，xを原因系，yを結果系とするならば，相関分析はxに対するyの因果関係を検討することである．

相関分析にも単相関分析$[y=f(x)]$及び重相関分析$[y=f(x_1, x_2, x_3, \cdots, x_n)]$などがあるが，ここでは単相関分析について行う．

4.1.1　散布図（scatter diagram）（相関図ともいう．）

表4.1のようにx_iとy_iの対のデータを$n=20\sim200$組ぐらい取る．

表 4.1　データ

i	x_i	y_i
1	x_1	y_1
2	x_2	y_2
3	x_3	y_3
$\vdots$	$\vdots$	$\vdots$
n	x_n	y_n
計	$\sum x_i$	$\sum y_i$

図 4.1 の横軸 x（原因系），縦軸 y（結果系）を取り，表 4.1 のデータ x_i に対する y_i の点をプロットすると，ばらばらと散らばって分布される．

これが散布図である．図 4.1 の散布図は右上がりの楕円形をしており，この分布は x の分布と y の分布からなっているので，これを二次元正規分布（因子が x と y）といい，この場合を正相関がありそうであるという．

そこで，一般にこの散布図のふくらみ度合いを x と y の相関度合いといい，これを定量的には相関係数 r にて表す．

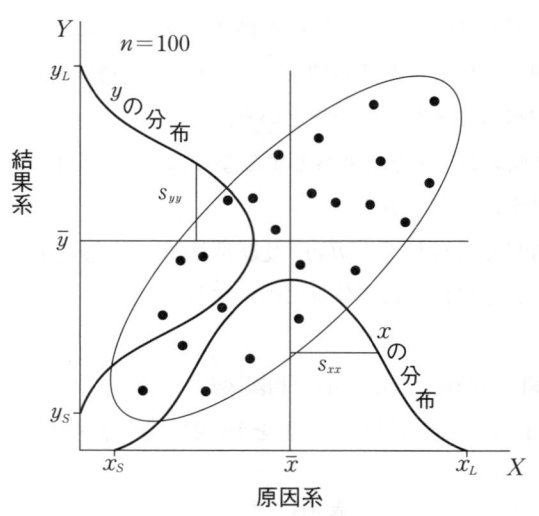

図 4.1 散布図（二次元正規分布）

4.1.2 散布図の見方

(a) 正相関　(b) 正相関がありそうだ　(c) 無相関　(d) 負相関がありそうだ　(e) 負相関

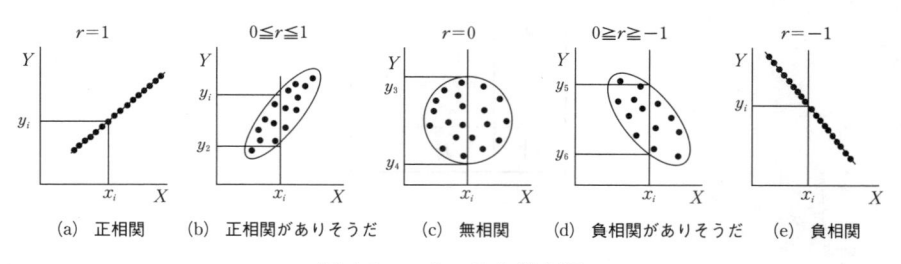

図 4.2 いろいろな散布図

図 4.2 の散布図にて x と y の相関は,

(a) x_i が決まると y_i は 100%決まる. x が大きくなると y も大きくなる. $r=1$ にて, 100%正相関あり.

(b) x_i が決まると, $y_1 \sim y_2$ のばらつきをもち, r は正にて x_i が大きくなると, y_i も比例して大きくなりそうだ.

(c) x_i が決まると $y_3 \sim y_4$ のように大きなばらつきをもっている. $r=0$（無相関である.）

　　x と y とに関係がないと判定する.（x と y は互いに独立変数と考える.）

(d) x_i が決まると $y_5 \sim y_6$ のばらつきをもち, r は負にて x_i が大きくなると, y_i も比例して小さくなりそうだ.

(e) x_i が決まると y_i は 100%決まる. x が大きくなると y は小さくなる. $r=-1$ にて, 100%負相関あり.

したがって, 相関係数 r は, $-1 \leqq r \leqq 1$ の範囲にある.

すなわち, $0 \leqq |r| \leqq 1$ であるので, $|r|>1$ になることはあり得ない.

4.1.3　相関係数 (correlation cofficient) r と 寄与率 (contribution ratio) r^2

表 4.2　データ

i	x_i	y_i	x_i^2	y_i^2	$x_i y_i$
1	x_1	y_1	x_1^2	y_1^2	$x_1 y_1$
2	x_2	y_2	x_2^2	y_2^2	$x_2 y_2$
⋮	⋮	⋮	⋮	⋮	⋮
計	Σx_i	Σy_i	Σx_i^2	Σy_i^2	$\Sigma x_i y_i$

母相関係数　　$\rho = \dfrac{\sigma_{xy}}{\sigma_{xx}\sigma_{yy}}$ 　　　　　　　(4.1)

試料相関係数　$r = \dfrac{s_{xy}}{s_{xx}s_{yy}}$ 　　　　　　　(4.2)

$\hat{\rho} = r$ 　　　　　　　(4.3)

いま，

$$S_{xx} = \Sigma(x-\bar{x})^2 = \Sigma x^2 - \frac{(\Sigma x)^2}{n} \quad (x の単位^2)$$

……（xのみのばらつき）

$$S_{yy} = \Sigma(y-\bar{y})^2 = \Sigma y^2 - \frac{(\Sigma y)^2}{n} \quad (y の単位^2)$$

……（yのみのばらつき）

$$S_{xy} = \Sigma(x-\bar{x})(y-\bar{y}) = \Sigma xy - \frac{(\Sigma x)(\Sigma y)}{n} \quad (x の単位 \times y の単位)$$

……（xyのばらつき）

独立変数／従属変数　(4.4)

とすると，

$$r_0 = \frac{s_{xy}}{s_{xx} s_{yy}} = \frac{\dfrac{S_{xy}}{n-1}}{\sqrt{\dfrac{S_{xx}}{n-1}}\sqrt{\dfrac{S_{yy}}{n-1}}} = \frac{S_{xy}}{\sqrt{S_{xx} S_{yy}}} = \frac{\text{従属変数}}{\text{独立変数}} \quad (\text{無単位})$$

(4.5)

相関係数rは表4.2より式(4.4)，式(4.5)より計算される．rは式(4.5)の分母は互いに独立変数で，分子は従属変数の比率で表す．（二次元正規分布を取り扱うため，$\phi = n-2$である．）$r(\phi, 0.05)$又は$r(\phi, 0.01)$を用いる．［付表7 r表（p.213）参照］

$|r|$が大きいとxとyの従属性（相関あり）を表す．

$|r|$が小さいとxとyの独立性（相関なし）を表す．ただし，$-1 \leq r \leq 1$又は$0 \leq |r| \leq 1$である．

これを有意水準5%，1%にて検定を行い，相関性を定量的に表す．具体的には例題を用いて説明する．

次に，寄与率をr^2で表す．

寄与率とは，xにてyの説明できる量を表す．

4.1.4 母相関係数（population correlation cofficient）（ρ）の点推定と区間推定

・点推定　$\hat{\rho} = r$

・区間推定は z 変換を行う．詳細は例題にて解説する．

このほか，相関分析には，計算による方法及び簡易法があり，簡易法のうち，符号検定及び推計紙を用いる方法などがある．これらについては，例題を用いて説明する．（ただし，推計紙は省略する．）

4.1.5 相関分析の例題［式(4.5)より相関の検定］

［例 4.1］───

表 4.3 は，反応温度 x(℃)に対する A 特性の収量 y(kg)の関係を知るために得られた値である．

次の問いに答えよ．

① 散布図を作る．
② 試料相関係数 r を求め，相関の検定を行う．
   x と y とに関係があるといえるか検定せよ．
③ 試料相関係数 r の推定を行う．
④ 寄与率 r^2 を求める．

表 4.3 反応温度 x(℃)に対する収量 y(kg)

x	y	x	y	x	y
53.5	240	54.1	253	54.5	262
50.5	208	52.5	222	55.3	258
54.0	240	50.5	218	51.5	214
53.5	232	49.8	210	53.0	235
53.0	250	52.2	233	55.0	245
51.3	218	51.3	225	55.3	265
52.3	238	52.7	236	52.0	226
56.4	274	55.7	263	53.2	243
54.5	247	54.3	233	53.0	226
49.6	202	55.7	253	53.9	248

(1) 計算法による.

手順1 表4.3より散布図(図4.3)を書く.

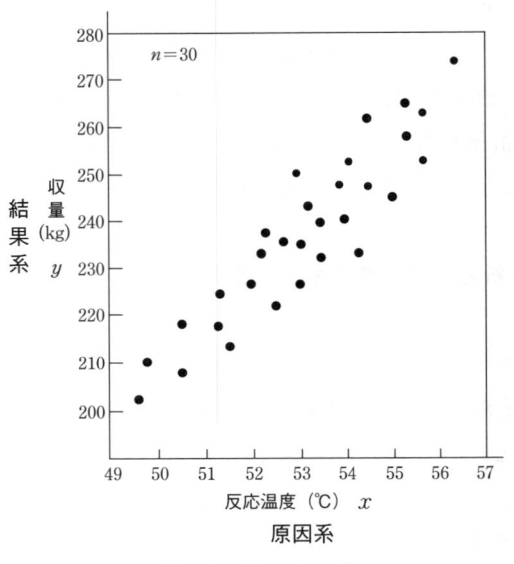

図 4.3 散 布 図

手順2 表4.3より数値変換して相関係数の計算表(表4.4)を作る.

手順3 検算

$$\Sigma x = 1\,594.1 \to 53.0 \times 30 + \frac{41}{10} = 1\,594.1$$

$$\Sigma y = 7\,117 \to 240 \times 30 - 83 = 7\,117$$

$$\Sigma(X+Y) = -42 \to \Sigma X + \Sigma Y = 41 + (-83) = -42$$

$$\Sigma(X+Y)^2 = 36\,740 \to \Sigma X^2 + 2\Sigma XY + \Sigma Y^2$$
$$= 9\,527 + 2 \times 8\,675 + 9\,863 = 36\,740$$

したがって,表4.4の計算に誤りはない.

4.1 相関分析の考え方

表 4.4 相関係数の計算表

$X=(x-53.0)\times 10 \qquad Y=(y-240)$ → 検算

No.	x	y	X	Y	X^2	Y^2	XY	$X+Y$	$(X+Y)^2$
1	53.5	240	5	0	25	0	0	5	25
2	50.5	208	−25	−32	625	1 024	800	−57	3 249
3	54.0	240	10	0	100	0	0	10	100
4	53.5	232	5	−8	25	64	−40	−3	9
5	53.0	250	0	10	0	100	0	10	100
6	51.3	218	−17	−22	289	484	374	−39	1 521
7	52.3	238	−7	−2	49	4	14	−9	81
8	56.4	274	34	34	1 156	1 156	1 156	68	4 624
9	54.5	247	15	7	225	49	105	22	484
10	49.6	202	−34	−38	1 156	1 444	1 292	−72	5 184
11	54.1	253	11	13	121	169	143	24	576
12	52.5	222	−5	−18	25	324	90	−23	529
13	50.5	218	−25	−22	625	484	550	−47	2 209
14	49.8	210	−32	−30	1 024	900	960	−62	3 844
15	52.2	233	−8	−7	64	49	56	−15	225
16	51.3	225	−17	−15	289	225	255	−32	1 024
17	52.7	236	−3	−4	9	16	12	−7	49
18	55.7	263	27	23	729	529	621	50	2 500
19	54.3	233	13	−7	169	49	−91	6	36
20	55.7	253	27	13	729	169	351	40	1 600
21	54.5	262	15	22	225	484	330	37	1 369
22	55.3	258	23	18	529	324	414	41	1 681
23	51.5	214	−15	−26	225	676	390	−41	1 681
24	53.0	235	0	−5	0	25	0	−5	25
25	55.0	245	20	5	400	25	100	25	625
26	55.3	265	23	25	529	625	575	48	2 304
27	52.0	226	−10	−14	100	196	140	−24	576
28	53.2	243	2	3	4	9	6	5	25
29	53.0	226	0	−14	0	196	0	−14	196
30	53.9	248	9	8	81	64	72	17	289
計	1 594.1	7 117	41	−83	9 527	9 863	8 675	−42	36 740
	Σx	Σy	ΣX	ΣY	ΣX^2	ΣY^2	ΣXY	$\Sigma(X+Y)$	$\Sigma(X+Y)^2$

注　X_i, Y_i などの添字 i を省略する．

手順4 各平方和 S_{XX}, S_{YY}, S_{XY} を求める.

$$S_{XX} = \Sigma X^2 - \frac{(\Sigma X)^2}{n} = 9\,527 - \frac{(41)^2}{30} = 9\,471.0$$

$$S_{YY} = \Sigma Y^2 - \frac{(\Sigma Y)^2}{n} = 9\,863 - \frac{(-83)^2}{30} = 9\,633.4$$

$$S_{XY} = \Sigma XY - \frac{(\Sigma X)(\Sigma Y)}{n} = 8\,675 - \frac{41 \times (-83)}{30} = 8\,788.4$$

手順5 試料相関係数を求める.

$$r_0 = \frac{S_{XY}}{\sqrt{S_{XX} S_{YY}}} \quad \text{より} \quad r_0 = \frac{8\,788.4}{\sqrt{9\,471.0 \times 9\,633.4}} = 0.920\,1^{**}$$

手順6 試料相関係数の検定(両側検定)

なお,自由度 ϕ は 2 次正規分布を用いているので,$n-2$ である.

手順7 相関があるといえるか.

$H_0 : \rho = 0$ (いえない)　　$H : \rho \neq 0$ (いえる)

$\phi = n - 2 = 30 - 2 = 28$

手順8 "付表 7 r 表"(p.213)より,$r(28, 0.01)$ の値は表にないので,線形補間*(比例配分法)で求める.又は r 表の近似式を用いる.

$$\alpha = (0.05) : r(28, 0.05) = \frac{1.960}{\sqrt{28+1}} = 0.364$$

$$\alpha = (0.01) : r(28, 0.01) = \frac{2.576}{\sqrt{28+3}} = 0.463 \quad (付表 7 参照)$$

---

*　線形補間(比例配分法)$p = 1\%$ にて説明する.

$\phi \backslash p$	0.05	0.01
*25	0.380 9	0.486 9
26		
27		
28	0.362 0	0.464 0
29		
*30	0.349 4	0.448 7

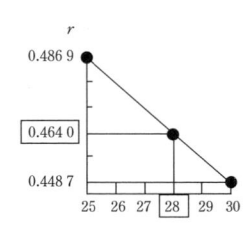

$p = 0.01$ のとき　$\phi = 25 \rightarrow r = 0.486\,9$
　　　　　　　　　$\phi = 30 \rightarrow r = 0.448\,7$
ϕ の差 $30 - 25 = 5$
r の差 $0.486\,9 - 0.448\,7 = 0.038\,2$
∴ $0.038\,2 / 5 = 0.007\,64$
$\phi = 28$ のとき,
　$r = 0.486\,9 - 3 \times 0.007\,64 = 0.464\,0$　OK
又は $r = 0.448\,7 + 2 \times 0.007\,64 = 0.464\,0$

4.1 相関分析の考え方

$\therefore r_0 = 0.9201^{**} > r(28, 0.01) = 0.463$ にて相関は $\alpha = 1\%$ 有意.

(H$_1$ 採択)

手順9 試料相関係数の推定

相関は高度に有意であるから信頼度 95% の母相関係数 ρ の点推定及び区間推定を行う.

点推定 $\hat{\rho} = r = 0.9201$

区間推定 $r = 0.9201$ を"付表8 z 変換図表"(p.214) を用い z 変換する.

$$z = 1.59 \qquad \Delta z = \frac{1.96}{\sqrt{n-3}} = \frac{1.96}{\sqrt{27}} = 0.377 \qquad z \pm \Delta \qquad (4.6)$$

$\therefore z$ の上限 $= 1.59 + 0.377 = 1.967$

z の下限 $= 1.59 - 0.377 = 1.213$

z の値を逆変換して, $\hat{\rho}_U = 0.9616 \qquad \hat{\rho}_L = 0.838$

したがって, $\hat{\rho}_L = 0.838 \leq \rho \leq \hat{\rho}_U = 0.9616$ であることが 95% 信頼できる.

手順10 寄与率 $r^2 = (0.9201)^2 = 0.8466$

すなわち, x にて y の説明できる量は 84.66% である.

(2) 簡易法(符号検定)による.

符号検定(符号検定を用い大波の検定)

手順1 例 4.1 の表 4.3 より $\tilde{x}$ と $\tilde{y}$ のグラフ図 4.4 を作る.

手順2 x 及び y それぞれの $\tilde{x}$, $\tilde{y}$(メディアン線)を引く.

手順3 $\tilde{x}$ より上を $+$, 下を $-$ とし, $\tilde{y}$ より上を $+$, 下を $-$ として各々 $+$, $-$ の符号をつける.

手順4 $x \times y$ は, $\begin{bmatrix} + \times + = +, & - \times - = + \\ + \times - = -, & - \times + = - \end{bmatrix}$

として, $+$ と $-$ の数を数えると, $+ = 26$, $- = 4$ となる.

図 4.4

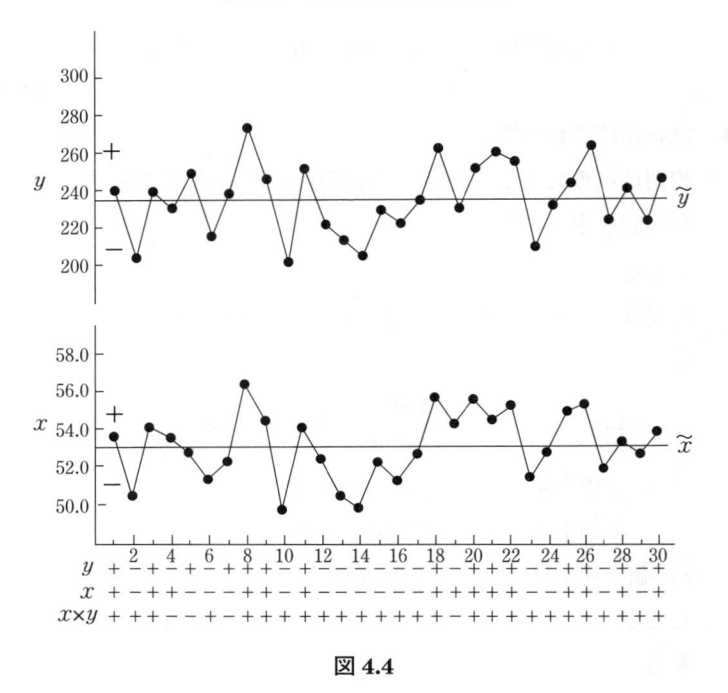

手順 5 符号検定表（表 4.5）を用いて検定する．

$n=30$ にて n_+, n_- のうち，値の小さい方，この場合 $n_-=4$ と表から得られた値 n_s と比較する．

$n_+ \leqq n_s(N, \alpha)$ のとき，負の相関あり．

$n_- \leqq n_s(N, \alpha)$ のとき，正の相関あり．

n_+, n_-, いずれも $\geqq n_s(N, \alpha)$ のとき，相関なし．

n_s は，データの数 N，有意水準 $\alpha=5\%$, 1% にて決まる．

この場合，$N=30$ で $n_-=4$ のとき，$\alpha=5\%$ 又は 1% についての $n_s(N, \alpha)$ は表 4.5 から得られた値が $n_s(30, 0.05)=9$，また，$n_s(30, 0.01)=7$ である．したがって，$n_-=4 < n_s(30, 0.01)=7$ となり，有意水準 1% にて正相関があるといえる．

4.1 相関分析の考え方

表 4.5 符号検定表

データの数：N
有意水準：α

$n_s(N, \alpha)$

$N \backslash \alpha$	0.01	0.05	$N \backslash \alpha$	0.01	0.05	$N \backslash \alpha$	0.01	0.05	$N \backslash \alpha$	0.01	0.05
9	0	1	32	8	9	55	17	19	78	27	29
10	0	1	33	8	10	56	17	20	79	27	30
11	0	1	34	9	10	57	18	20	80	28	30
12	1	2	35	9	11	58	18	21	81	28	31
13	1	2	36	9	11	59	19	21	82	28	31
14	1	2	37	10	12	60	19	21	83	29	32
15	2	3	38	10	12	61	20	22	84	29	32
16	2	3	39	11	12	62	20	22	85	30	32
17	2	4	40	11	13	63	20	23	86	30	33
18	3	4	41	11	13	64	21	23	87	31	33
19	3	4	42	12	14	65	21	24	88	31	34
20	3	5	43	12	14	66	22	24	89	31	34
21	4	5	44	13	15	67	22	25	90	32	35
22	4	5	45	13	15	68	22	25	91	32	35
23	4	6	46	13	15	69	23	25	92	33	36
24	5	6	47	14	16	70	23	26	93	33	36
25	5	7	48	14	16	71	24	26	94	34	37
26	6	7	49	15	17	72	24	27	95	34	37
27	6	7	50	15	17	73	25	27	96	34	37
28	6	8	51	15	18	74	25	28	97	35	38
29	7	8	52	16	18	75	25	28	98	35	38
30	7	9	53	16	18	76	26	28	99	36	39
31	7	9	54	17	19	77	26	29	100	36	39

蛇 足

符号検定で，n_+，n_- については次のような考え方も成り立つ．

散布図（図4.3）より $\tilde{x}$，$\tilde{y}$ を引き，n_+，n_- を求め，図4.5を作る．$\tilde{x}$，$\tilde{y}$ を基準にして

奇数象限 ┌ 第1象限（＋，＋）のゾーンの点を数える $n_1=13$ ┐ $n_+=26$
         └ 第3象限（－，－）のゾーンの点を数える $n_3=13$ ┘

偶数象限 ┌ 第2象限（－，＋）のゾーンの点を数える $n_2=2$ ┐ $n_-=4$
         └ 第4象限（＋，－）のゾーンの点を数える $n_4=2$ ┘

奇数象限を $n_+=26$
偶数象限を $n_-=4$
　　全体　$N=30$

すなわち，図 4.4 と図 4.5 は同じことをいっている．

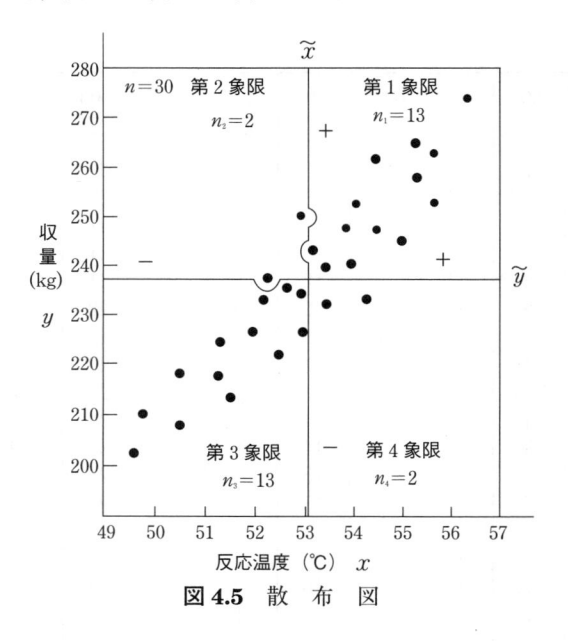

図 4.5 散布図

（散布図：反応温度（℃）x と収量（kg）y，$n=30$，第 1 象限 $n_1=13$，第 2 象限 $n_2=2$，第 3 象限 $n_3=13$，第 4 象限 $n_4=2$）

相関の判定

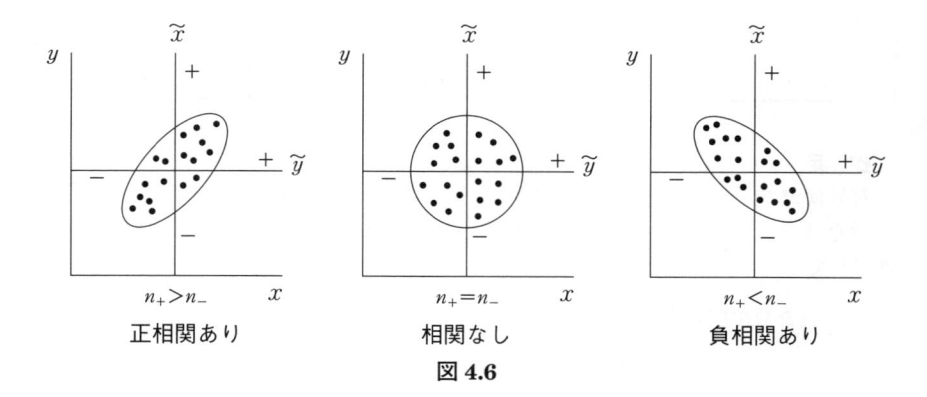

図 4.6

正相関あり（$n_+ > n_-$）　相関なし（$n_+ = n_-$）　負相関あり（$n_+ < n_-$）

図 4.5 を用い，推計紙による相関の検定もあるが，今回は割愛する．

4.2 回帰分析 (regresion analysis)

例 4.1 を解析した結果，有意水準 1% について相関があった．したがって，これより回帰分析に進む．（相関が有意でない場合は，一般に回帰分析は行わない．)

この散布図は，1 次式か，2 次式か，高次式に相当するか，を解析することを回帰分析と考える．

1 次式の関係が強ければ，散布図に合理的に直線 ($y_i = a \pm b x_i$) を引くことができる．

回帰分析にも単回帰分析と重回帰分析があるが，ここでは単回帰分析について行う．

4.2.1 回帰分析による分散分析（参考）

各平方和 S を元の単位に戻す (表 4.4 より)．

手順 1　$\underline{S_{xx}} = \dfrac{S_{XX}}{10^2} = \dfrac{9\,471.0}{10^2} = 94.71$ (℃)^2

$\underline{S_{yy}} = \dfrac{S_{YY}}{1^2} = \dfrac{9\,633.4}{1^2} = 9\,633.4$ (kg)^2

手順 2　$S_{xy} = \dfrac{S_{XY}}{10 \times 1} = \dfrac{8\,788.4}{10 \times 1} = 878.84$ (℃)(kg)

$\underline{S_R} = \dfrac{(S_{xy})^2}{S_{xx}} = \dfrac{(878.84)^2}{94.71} = 8\,155.0$ (kg)^2

1 次式に関する影響　$\phi_R = 1$

手順 3　$\underline{S_e} = S_{yy} - S_R = 9\,633.4 - 8\,155.0 = 1\,478.4$ (kg)^2

$\phi_e = \phi_{yy} - \phi_R = 29 - 1 = 28$

手順 4　分散分析表を作り，仮説を立てる．　$H_0 : \sigma_R^2 = 0$　　$H_1 : \sigma_R^2 > 0$

$V_R = \dfrac{S_R}{\phi_R} = \dfrac{8\,155.0}{1} = 8\,155.0$ (kg)^2

$$V_e = \frac{S_e}{\phi_e} = \frac{1478.4}{28} = 52.8 \ (\text{kg})^2$$

$$F_R = \frac{V_R}{V_e} = \frac{8155.0}{52.8} = 154.5 \ (\text{無単位})$$

表 4.6 分散分析表

要因	S	ϕ	V	F_0	$F_{28}^{1}(0.05)$	$F_{28}^{1}(0.01)$
1次式 (R)	$S_R = 8155.0$	$\phi_R = 1$	$V_R = 8155.0$	$F_R = 154.5^{**}$	4.20	7.64
誤差 (e)	$S_e = 1478.4$	$\phi_e = 28$	$V_e = 52.8$			
計 (y)	$S_{yy} = 9633.4$	$\phi_{yy} = 29$				

手順5 結論 $\alpha = 1\%$ にて1次式であることを認める. (H_1 採択)

〈補足〉又は〈参考〉 単回帰分析 S_{yy}, S_R, S_e について

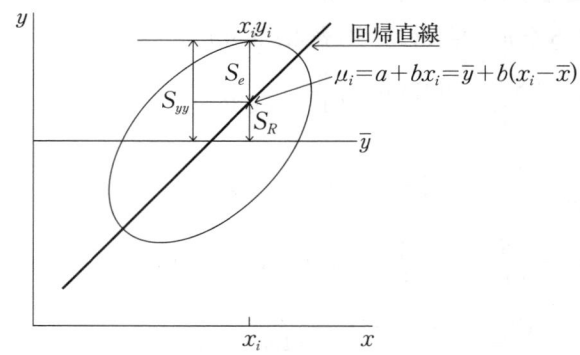

S_{yy}：全体の変動
S_R：回帰直線による変動
S_e：回帰直線からの変動（誤差変動）

$$S_e = \Sigma(y_i - \mu_i)^2 = \Sigma[y_i - \{\overline{y} + b(x_i - \overline{x})\}]^2 \tag{1}$$

$$= \Sigma\{(y_i - \overline{y}) - b(x_i - \overline{x})\}^2$$

$$= \Sigma(y_i - \overline{y})^2 - 2b\Sigma(y_i - \overline{y})(x_i - \overline{x}) + b^2 \Sigma(x_i - \overline{x})^2 \tag{2}$$

$$b = \frac{S_{xy}}{S_{xx}} \text{とする.}$$

$$= S_{yy} - 2\frac{S_{xy}}{S_{xx}}S_{xy} + \frac{(S_{xy})^2}{(S_{xx})^2}S_{xx} \tag{3}$$

$$= S_{yy} - 2\frac{(S_{xy})^2}{S_{xx}} + \frac{(S_{xy})^2}{S_{xx}}$$

$$\therefore \underline{S_e = S_{yy} - \frac{(S_{xy})^2}{S_{xx}}} \tag{4}$$

いま，$\underline{S_R = \frac{(S_{xy})^2}{S_{xx}}}$ とすると，式(4)は

$$S_e = S_{yy} - S_R \tag{5}$$

$$\therefore \underline{S_{yy} = S_R + S_e} \tag{6}$$

式(5)が本文の手順3を誘導してきた．すなわち，前ページの図の S_{yy} は式(6)に相当する．

4.2.2 回帰式（一次方程式）について

これには，作図法と最小2乗法がある．

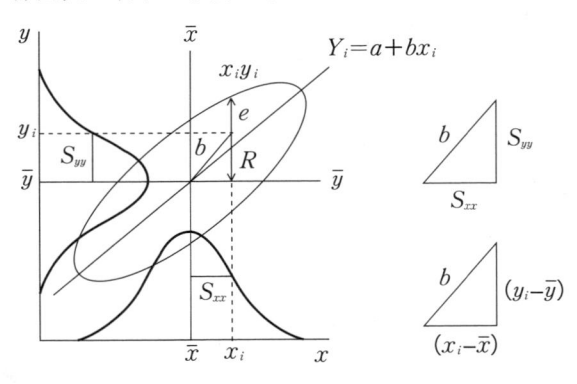

図 4.7

(1) 作図法

図4.7を x と y の2次元正規分布と考える．

図4.7より x 軸 $(x_i - \bar{x})$，y 軸 $(y_i - \bar{y})$ とする．

また，$b = \dfrac{(y_i - \bar{y})}{(x_i - \bar{x})}$ と考える．

したがって，$y_i - \overline{y} = b(x_i - \overline{x})$

∴　$y_i = \overline{y} + b(x_i - \overline{x})$　となる．

また，$y_i = (\overline{y} - b\overline{x}) + bx_i$

このときの $\overline{y} - b\overline{x} = a$ とする．

∴　$\underline{y_i = a + bx_i}$　となる．

ただし，$b = r\dfrac{S_{yy}}{S_{xx}}$

　注　相関度合が100%のとき，$r=1$ にて $b = \dfrac{S_{yy}}{S_{xx}}$ となる．

すなわち，$b = \dfrac{S_{xy}}{\sqrt{S_{xx}S_{yy}}} \times \dfrac{\sqrt{S_{yy}/(n-1)}}{\sqrt{S_{xx}/(n-1)}} = \dfrac{S_{xy}}{S_{xx}}$　である．

したがって，$a = \overline{y} - b\overline{x}$　　　$b = \dfrac{S_{yy}}{S_{xx}}$

(2)　最小2乗法（参考）

図 4.8 の (a) は一般的な散布図である．

このときの $y_i = a + bx_i + e_i$ 　　　　　　　　　　　　　　　　　　(4.7)

(a) の e_i は誤差である．(b) は $e_i = 0$ の場合

　　　　$y_i = a + bx_i$ 　　　　　　　　　　　　　　　　　　　　　　(4.8)

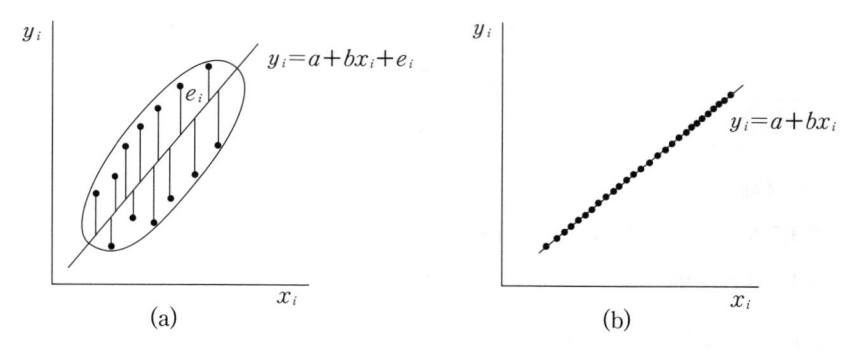

図4.8　散　布　図

4.2 回帰分析

そこで，式(4.7)より e_i を最小にする．

$$e_i = y_i - (a + bx_i) = 0 \tag{4.9}$$

式(4.9)より平方和を考えると，

$$S_e = \Sigma(e_i - 0)^2 = \Sigma[y_i - (a + bx_i) - 0]^2 \tag{4.10}$$

したがって，$S_e = \Sigma[y_i - (a + bx_i)]^2 \tag{4.11}$

この式(4.11)を a 及び b で偏微分して 0 とおく．

$$\left. \begin{array}{l} \dfrac{\partial S_e}{\partial a} = -2\Sigma[y_i - (a + bx_i)] = 0 \\[2mm] \dfrac{\partial S_e}{\partial b} = -2\Sigma x_i[y_i - (a + bx_i)] = 0 \end{array} \right\} \tag{4.12}$$

式(4.12)より

$$\Sigma y_i = na + b\Sigma x_i \tag{4.13}$$

$$\Sigma x_i y_i = a\Sigma x_i + b\Sigma x_i^2 \tag{4.14}$$

となり，この式(4.13)，式(4.14)を連立正規方程式という．

これを a, b で解けばよい．この式(4.13)より a, b を求める．

$$\underline{\underline{a = \frac{\Sigma y_i}{n} - b\frac{\Sigma x_i}{n} = \overline{y} - b\overline{x}}} \tag{4.15}$$

式(4.15)を式(4.14)に代入すると

$$\Sigma x_i y_i = (\overline{y} - b\overline{x})\Sigma x_i + b\Sigma x_i^2 \tag{4.16}$$

$$\Sigma x_i y_i = \overline{y}\Sigma x_i - b\Sigma x_i \overline{x} + b\Sigma x_i^2 \tag{4.17}$$

$$\therefore \quad b(\Sigma x_i^2 - \Sigma x_i \overline{x}) = \Sigma x_i y_i - \Sigma x_i \overline{y} \tag{4.18}$$

b は式(4.18)より求める．

$$\therefore \quad \underline{\underline{b = \frac{\Sigma x_i y_i - \dfrac{\Sigma x_i \Sigma y_i}{n}}{\Sigma x_i^2 - \dfrac{(\Sigma x_i)^2}{n}} = \frac{S_{xy}}{S_{xx}}}} \tag{4.19}$$

したがって，$a = \overline{y} - b\overline{x}$，$b = \dfrac{S_{xy}}{S_{xx}}$ となり，作図法と一致する．

4.2.3 回帰（方程式）直線の計算例［例 4.1 を用いる．］

手順 1 $\bar{x} = \dfrac{\Sigma x_i}{n} = \dfrac{1594.1}{30} = 53.14$ （℃）

$\bar{y} = \dfrac{\Sigma y_i}{n} = \dfrac{7117}{30} = 237.23$ （kg）

$S_{xy} = 878.84$ （kg・℃）　　$S_{xx} = 94.71$ （℃）^{2}　より

手順 2 $b = \dfrac{S_{xy}}{S_{xx}} = \dfrac{878.84}{94.71} = 9.28$ （kg/℃）

手順 3 $a = (\bar{y} - b\bar{x}) = 237.23 - 9.28 \times 53.14 = -255.91$ （kg）

手順 4 ∴　$y_i = a + bx_i = -255.91 + 9.28\, x_i$ （kg）

手順 5 したがって，$\begin{cases} x_i = 50℃ \\ y_i = 208.09\,\text{kg} \end{cases}$　$\begin{cases} x_i = 56℃ \\ y_i = 263.77\,\text{kg} \end{cases}$

手順 6 これを図 4.3 に入れ，回帰直線を入れる（図 4.9）．

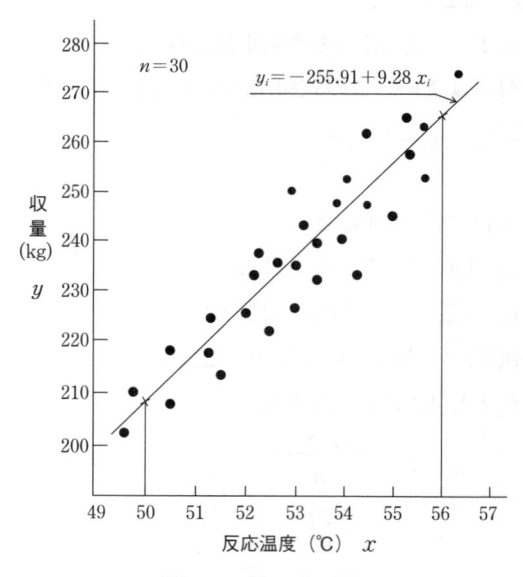

図 4.9　散　布　図

4.2.4 OS チップの紹介
(1) OS チップとは

OS チップは"x に対する y の関係",すなわち,二次元正規分布の解析［相関（散布図）分析・回帰分析］などについて検討するための実験器具の一種である.

従来,ヒストグラムや管理図を作って解析するための実験器具として,"統計・品質管理実験用具"に"チップ"があった.

これは一次元正規分布の姿・形(ヒストグラム)や管理図などの平均値,ばらつきなど統計量の解析方法を学ぶために考案されたものである.

筆者はこれにヒントを得て独自に二次元正規分布用のチップを考案した.これを奥村士郎(Okumura Shiro)の頭文字を取り OS チップと名付けた.

(2) OS チップの考え方と実験の準備

OS チップには図 4.10(a) のように円内に x と y の位置が決めてあり,それぞれの欄に数字が図 4.10(b) のように書かれている.いろいろな数字の書かれた OS チップを約 40〜50 枚,袋に入れておく.

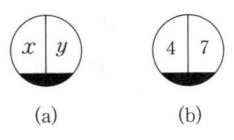

図 4.10 OS チップ

この袋から一つ取り,データ化して,チップを袋に戻す.これを何回か繰り返して行う.（袋内の OS チップは減らない.これを無限母集団と考える.）

OS チップには,図 4.11 のように ⓪⓪ から ⑩⑩ までの 121 組がある.これらのチップの選出の仕方により,さまざまな解析実験ができる.

その代表的なものを一つ紹介する.

図 4.11 より図 4.12(a) のように OS チップを選出する.（正相関）［W 型:43 組］

これ以外に負相関,無相関などがあるが,ここでは省略する.

例えば,正相関の実験を行いたい場合は,図 4.12(a) の W 型の OS チップを袋［図 4.12(b)］に入れて行う.

図 4.12(a) より

母標準偏差　　$\sigma_{xx} = 2.47$　　　　$\sigma_{yy} = 2.70$　　　　$\sigma_{xy} = 5.28$

母相関係数　　$\rho = \dfrac{\sigma_{xy}}{\sigma_{xx}\sigma_{yy}} = \dfrac{5.28}{2.47 \times 2.70} = 0.792$

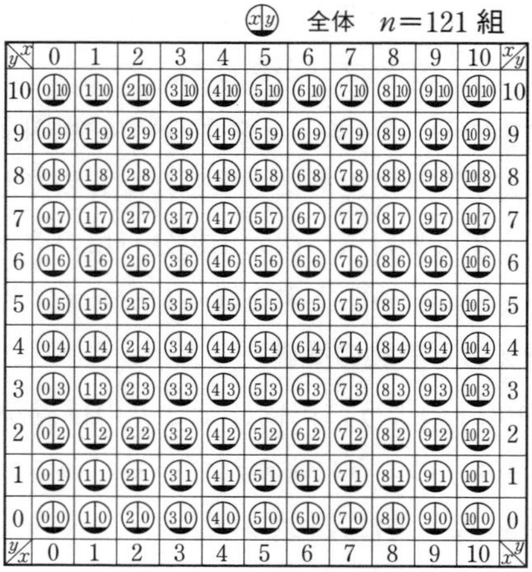

図 **4.11**　全体　$n = 121$ 組

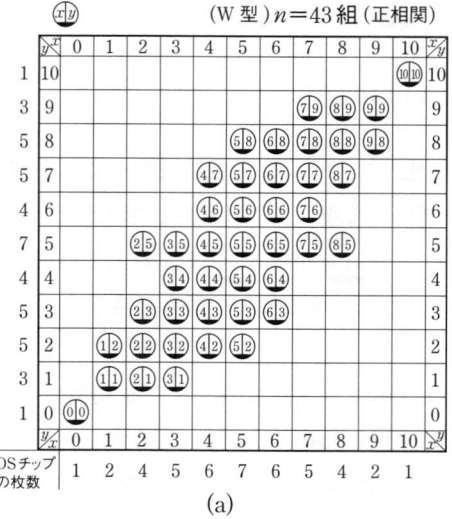

図 **4.12**

(a)　(W 型) $n = 43$ 組（正相関）

(b)　袋

(3) 実験方法

手順1 袋，図 4.12(b) から，OS チップをランダムに 1 個抜き取り，x と y の値をデータシート表 4.7 に記入する．ただし，同じ値が 3 回出たら，3 回目は放棄して再度試行する．

手順2 OS チップを元の袋に戻し，同様な操作を 40〜50 回繰り返す．（袋の OS チップは無限母集団と考える．）

手順3 データシート表 4.7 より図 4.13 にて散布図を作る．

手順4 データシート表 4.7 の x^2，y^2，xy などを計算し，相関係数 r 及び寄与率 r^2 を求める．

手順5 r の検定を行う．

手順6 相関が有意ならば，回帰直線を求め，散布図（図 4.13）に線を引く．

表 4.7 データーシート

(OS チップ W)

No.	x	y	x^2	y^2	xy	No.	x	y	x^2	y^2	xy
1						21					
2						22					
3						23					
4						24					
5						25					
6						26					
7						27					
8						28					
9						29					
10						30					
11						31					
12						32					
13						33					
14						34					
15						35					
16						36					
17						37					
18						38					
19						39					
20						40					
						計	Σx	Σy	Σx^2	Σy^2	Σxy

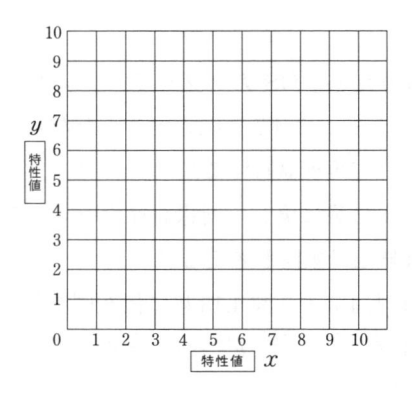

図 4.13 散　布　図

(4) OS チップ実施例（W 型正相関）

[例 4.2]

OS チップを用い，ある製品の x に対する y の関係を調べるため，x と y の対のデータを 40 組取ったら表 4.8 のようになった．

散布図を作り，相関の検定を行い，また回帰式を作り，散布図に記入する．

解 析

（手順 1，2 は省略）

手順 3 データシート表 4.8 より散布図を作る（図 4.14）．

手順 4 データシート表 4.8 より相関係数（r）及び寄与率（r^2）を求める．

① 平方和 S

$$S_{xx} = \sum x_i^2 - \frac{(\sum x_i)^2}{n} = 1\,333 - \frac{(211)^2}{40} = 220.0$$

$$S_{yy} = \sum y_i^2 - \frac{(\sum y_i)^2}{n} = 1\,426 - \frac{(216)^2}{40} = 259.6$$

$$S_{xy} = \sum x_i y_i - \frac{(\sum x_i)(\sum y_i)}{n} = 1\,311 - \frac{(211 \times 216)}{40} = 171.6$$

② 相関係数 r

4.2 回帰分析

表 4.8 データーシート

No.	x_i	y_i	x_i^2	y_i^2	$x_i y_i$	No.	x_i	y_i	x_i^2	y_i^2	$x_i y_i$
1	8	5	64	25	40	21	6	3	36	9	18
2	4	5	16	25	20	22	7	9	49	81	63
3	8	8	64	64	64	23	6	3	36	9	18
4	10	10	100	100	100	24	2	5	4	25	10
5	8	8	64	64	64	25	10	10	100	100	100
6	4	6	16	36	24	26	3	1	9	1	3
7	6	6	36	36	36	27	8	7	64	49	56
8	7	7	49	49	49	28	5	2	25	4	10
9	7	9	49	81	63	29	5	5	25	25	25
10	4	5	16	25	20	30	9	8	81	64	72
11	6	4	36	16	24	31	5	8	25	64	40
12	6	5	36	25	30	32	5	6	25	36	30
13	2	5	4	25	10	33	6	8	36	64	48
14	3	1	9	1	3	34	2	3	4	9	6
15	7	5	49	25	35	35	1	2	1	4	2
16	6	7	36	49	42	36	5	4	25	16	20
17	5	8	25	64	40	37	4	7	16	49	28
18	7	6	49	36	42	38	2	1	4	1	2
19	5	3	25	9	15	39	4	6	16	36	24
20	3	5	9	25	15	40	0	0	0	0	0
						計	211	216	1 333	1 426	1 311
							Σx_i	Σy_i	Σx_i^2	Σy_i^2	$\Sigma x_i y_i$

$y_i = 1.29 + 0.78\, x_i$

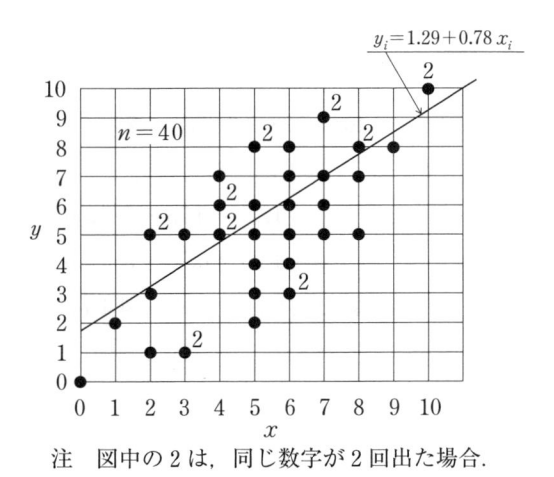

$n = 40$

注 図中の2は，同じ数字が2回出た場合．

図 4.14 散布図

$$r_0 = \frac{S_{xy}}{\sqrt{S_{xx}S_{yy}}} = \frac{171.6}{\sqrt{220.0 \times 259.6}} = \frac{171.6}{238.98} = 0.718$$

③ 寄与率 $r^2 = (0.718)^2 = 0.516 \rightarrow 51.6\%$

手順 5 仮説を立てる．$H_0 : \rho = 0$　　　$H_1 : \rho \neq 0$

手順 6 r の検定を行う．$\phi = n - 2 = 40 - 2 = 38$ ［付表 7 (p.213) 参照］

$$\phi = 38 \text{ の } \alpha = 0.05 \quad r_{0.05} = \frac{1.960}{\sqrt{\phi + 1}} = \frac{1.960}{\sqrt{38 + 1}} = 0.314$$

$$\phi = 38 \text{ の } \alpha = 0.01 \quad r_{0.01} = \frac{2.576}{\sqrt{\phi + 3}} = \frac{2.576}{\sqrt{38 + 3}} = 0.402$$

∴ $r_0 = 0.718^{**} > 0.402$　$\alpha = 1\%$ にて相関は有意(H_1 採択)（高度に相関あり）

手順 7 回帰直線を求め，散布図に線を引く．

① 回帰式 $y_i = a + bx_i$ を求める．（参考）

$$\overline{x} = \frac{\sum x_i}{n} = \frac{211}{40} = 5.275$$

$$\overline{y} = \frac{\sum y_i}{n} = \frac{216}{40} = 5.40$$

$$b = \frac{S_{xy}}{S_{xx}} = \frac{171.6}{220.0} = 0.78$$

$$a = \overline{y} - b\overline{x} = 5.40 - 0.78 \times 5.275 = 1.29$$

∴ $y_i = a + bx_i = 1.29 + 0.78\, x_i$

$x = 1$ のとき，$y_i = 1.29 + 0.78 \times 1 = 2.07$

$x = 9$ のとき，$y_i = 1.29 + 0.78 \times 9 = 8.31$

② このときの回帰直線を散布図に書く（図 4.14）．

第 5 章　実験計画法——要因実験

5.1　実験計画法（design of experiment）

5.1.1　実験計画の考え方

実験計画法については，JIS Q 9025（マネジメントシステムのパフォーマンス改善—品質機能展開の指針）では，"品質特性に設定された設計品質を確保するために，ボトルネックとなる技術を明確にする．これらの技術と工程要因の因果関係を明確にし，最適解を求める手法である．"と規定している．

また，具体的には新製品開発，不適合品率低減策，ばらつきの縮小，収率増加の検討など，開発改善を図る場合には，従来よりも，より良い作業条件や作業方法を見いだすことが肝要である．

そこで，実験計画法は開発又は改善などの目的に対し，より良いと思われる作業条件とか作業方法（因子を組み合わせて実験）を行い最適実験条件を見つけ，その値を推定することを目的としている．

ここでは，初歩的な実験計画法について紹介する．

なお，実験計画法に基づき実験を行い，データ解析を行う場合，分散分析表を作り検討を行う．

この場合，初心者にわかりやすくするため，分散分析表の内容を筆者考案の新しい手法による OS 線点図などを用いて図解説を行う．

5.1.2　実験計画を行うにあたって

統計的品質管理を行うためには，過去の経験・実績をフルに活かし固有技術を基に 4 M や 5 W 1 H などの技法を活用して，次のような事柄に対処する．

(a)　実験計画を実施する前段階（in put）

① 問題とされる品質特性をなるべく具体的に明確化
  (○○の平均値を△△に上げたい．○○のばらつきを▽▽に下げたいなど)
② あげられた品質特性に影響を及ぼすと思われる要因の洗い出し．
  (特性要因図，パレート図などを用いて解析)
③ サンプリング方法の設定
④ 取り上げられた要因の数 $(A, B, C, \cdots)$，各水準数 $(a_1, b_1, c_1, \cdots)$，各水準間隔などの設定
⑤ 実験計画の実施期間（実験及び解析）とその経費などの設定

(b) 本体（実験の計画及び実験の実施とその解析）
① 実験の計画を実施
② 実験計画に従い実験の実施
③ 実験データの解析
④ 解析結果の判定

(c) 本体の実施後の処置（out put）
① 統計的な結果と技術的，工学的な意味付け．
② データの再現性（確認実験や作業の標準化）などをしっかり考慮し，次のステップに進む．
③ 処置を取る期間，費用などハード及びソフト技術を活かし対処することが肝要である．

実験計画 実施(前) (in put)	実験計画及び実験の 実施と解析 (本体)	実験計画 実施(後) (out put)
① plan	② do と check	③ act

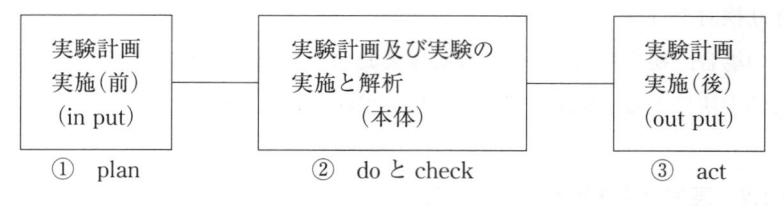

図 5.1

したがって，実験計画は，現場（固有技術）がわからないとできない．しっかり現状を把握して行うことが肝要である．数学のお遊びではないことに注意

5.1.3 実験計画の種類

① 要因実験［一元配置，多元配置（二元配置，三元配置）など］
② 直交配列表を用いた方法［$L_8(2^7)$ 型，$L_{16}(2^{15})$ 型，$L_{27}(3^{13})$ 型など］

その他には，ラテン方格，最適化手法，山登り法など高度な技法も多々ある．第5章では，一元配置，二元配置など例をあげて解説する．

また，第6章では，代表する2水準系の $L_{16}(2^{15})$ 型，3水準系では $L_{27}(3^{13})$ 型について，例をあげて解説する．

5.2 要因実験（完全ランダム型）

5.2.1 一元配置 (one-way layout)

JIS Z 8101-3（統計—用語と記号—第3部：実験計画法）では，1因子実験 (one-factor experiment) について，"単一の因子について，その因子が応答変数に効果があるか否かを調べる実験."と定義している．

具体的には，要因（因子）は1種類にて，その A 要因の水準を a，繰返し数 n の総実験回数 an 回をランダムに行う実験計画のことを一元配置による実験計画法という．

すなわち，この手法は，要因，例えば原料，配合，加工方法，温度など，特性値に影響を及ぼすと思われる（推定される）要因を一つ選び，選ばれた要因について実験（a 水準，n 回繰返し）を行い解析検討を行う．

この目的は，データ全体の変動（偏差平方和又は平方和）S_T を群間（水準間）の変動 S_A と群内（水準内）の変動（又は誤差変動）S_e とに分けて，各々の分散（平均平方）V_A，V_e を求め，分散比（V_A/V_e）の検討を行う．

(1) 解析の一般的な手順

手順1 表5.1（x_{ij} 表）よりグラフ図5.2を作る．

表 5.1 x_{ij} 表

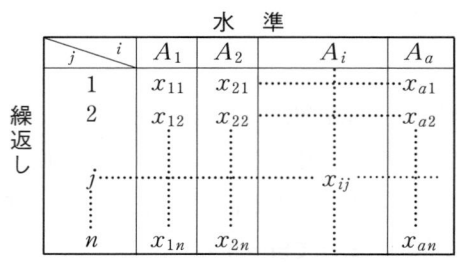

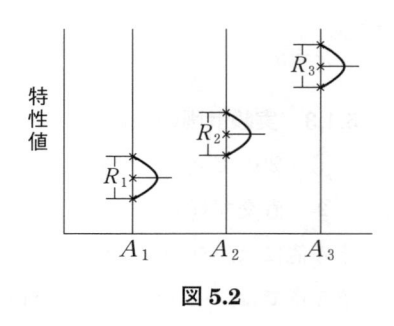

j＼i	A_1	A_2	... A_i ...	A_a
1	x_{11}	x_{21}		x_{a1}
2	x_{12}	x_{22}		x_{a2}
⋮ j ⋮			x_{ij}	
n	x_{1n}	x_{2n}		x_{an}

（繰返し）

図 5.2

手順 2 等分散検定を行う．

（A_1, A_2, ⋯, A_n のばらつき R_1, R_2, ⋯, R_n が同じようなばらつきかどうかを検証する．）

表 5.1 より，

$$R_1, R_2, \cdots, R_n \quad \overline{R} = (\Sigma R/a) \quad D_4 \overline{R} > R_i$$

であるとき等分散とみなす．（これは，R 管理図の技法を利用．一般によく用いられているようである．）

〈参考〉 その他の等分散検定には，

① Hertley の検定，② Cochran の検定，③ Brtlett の検定 などがある（省略）．

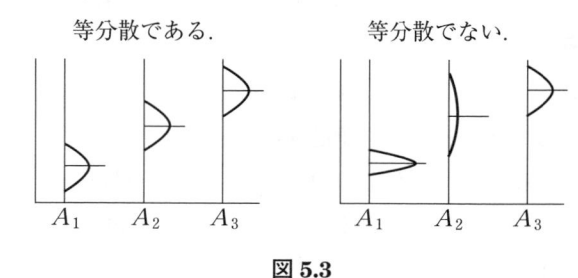

図 5.3

手順 3 表 5.1 より表 5.2 $(x_{ij})^2$ 表を作り，総変動（平方和）S_T，A 間変動 S_A，誤差変動 S_e を求める．

ただし，A の水準 a，繰返し数 n とする．

5.2 要因実験(完全ランダム型)

総平均 $\bar{x}.. = \dfrac{\Sigma\Sigma x_{ij}}{an}$

$S_T = \Sigma\Sigma(x_{ij} - \bar{x}..)^2 \qquad S_A = \Sigma\Sigma(\bar{x}_{i.} - \bar{x}..)^2$

$S_e = \Sigma\Sigma(x_{ij} - \bar{x}_{i.})^2$ とする.

表 5.1 より図 5.4 を作る.

表 5.2 $(x_{ij})^2$ 表

j＼i	A_1		A_2		A_i		A_a	
1	x_{11}	$(x_{11})^2$	x_{21}	$(x_{21})^2$	⋯⋯		x_{a1}	$(x_{a1})^2$
2	x_{12}	$(x_{12})^2$	x_{22}	$(x_{22})^2$			x_{a2}	$(x_{a2})^2$
3	x_{13}	$(x_{13})^2$	x_{23}	$(x_{23})^2$			x_{a3}	$(x_{a3})^2$
⋮	⋮	⋮	⋮	⋮	x_{ij}	$(x_{ij})^2$		
n	x_{1n}	$(x_{1n})^2$	x_{2n}	$(x_{2n})^2$	⋯	⋯	x_{an}	$(x_{an})^2$

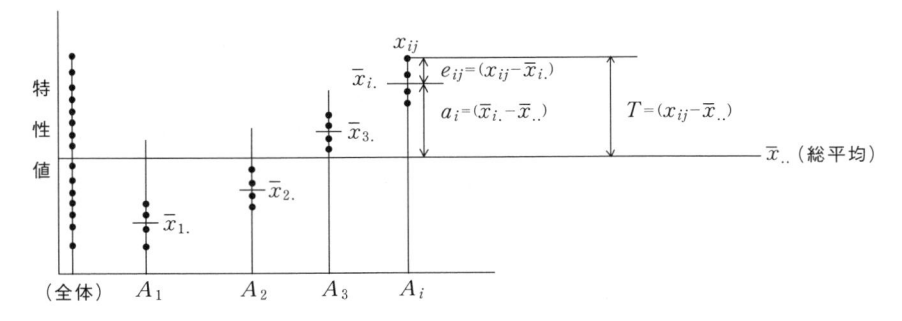

図 5.4

図 5.4 より

$$S_T = \Sigma\Sigma(x_{ij} - \bar{x}..)^2 = \Sigma\Sigma[(\bar{x}_{i.} - \bar{x}..) + (x_{ij} + \bar{x}_{i.})]^2$$
$$= \Sigma\Sigma(\bar{x}_{i.} - \bar{x}..)^2 + \Sigma\Sigma(x_{ij} - \bar{x}_{i.})^2 \qquad (5.1)$$

総変動　　＝　　A 間変動　＋　　誤差変動

ただし, $\Sigma\Sigma[(\bar{x}_{i.} - \bar{x}..)(x_{ij} - \bar{x}..)] = 0$

したがって,

総変動 = A 間変動 + 誤差変動 　⇔　 $S_T = S_A + S_e$ 　(5.2)

また，$S_T = \Sigma\Sigma(x_{ij} - \overline{x}..)^2 = \Sigma\Sigma x_{ij}^2 - \dfrac{(\Sigma\Sigma x_{ij})^2}{an}$

$\qquad\qquad = \Sigma\Sigma x_{ij}^2 - CT$

$\qquad\therefore\ CT = \dfrac{(\Sigma\Sigma x_{ij})^2}{an}$

$\qquad\qquad$ 修正項（CT: correction term）という． $\qquad$ (5.3)

$S_A = \Sigma\Sigma(\overline{x}_{i\cdot} - \overline{x}..)^2 = \dfrac{1}{n}\Sigma(x_{i\cdot})^2 - CT$

$S_e = \Sigma\Sigma(x_{ij} - \overline{x}_{i\cdot})^2 = \Sigma\Sigma(x_{ij} - \overline{x}..)^2 - S_A$

$\qquad = \Sigma\Sigma(\overline{x}_{ij} - \overline{x}..)^2 - \Sigma\Sigma(\overline{x}_{i\cdot} - \overline{x}..)^2 = S_T - S_A$

手順 4 各自由度 ϕ を求める．

$\qquad \phi_T = an - 1 \qquad \phi_A = a - 1$

$\qquad \phi_e = \phi_T - \phi_A = (an-1) - (a-1) = a(n-1)$ $\qquad$ (5.4)

手順 5 分散分析表（ANOVA）を作る．仮説を立て，分散分析表を作る．

表 5.3 分散分析表

$\qquad\qquad\qquad\qquad\qquad\qquad\qquad\qquad H_0 : \sigma_A^2 = 0 \quad H_1 : \sigma_A^2 > 0$

	平方和分析	自由度分析	分散分析	分散比	F 表より α=5%, 1%の値		分散の期待値
要因	平方和 (S)	自由度 (ϕ)	分散 (V)	F_0	$F(0.05)$	$F(0.01)$	$E(V)$
A	S_A	$\phi_A = a-1$	$V_A = S_A/\phi_A$	$F_A = V_A/V_e$			$\sigma_e^2 + n\sigma_A^2$
e	S_e	$\phi_e = a(n-1)$	$V_e = S_e/\phi_e$				σ_e^2
T	S_T	$\phi_T = an-1$					

注 1. $F_{\phi_e}^{\phi_A}(0.05)$ 及び $F_{\phi_e}^{\phi_A}(0.01)$ は付表 4 の F 表より分母，分子の自由度 ϕ_e, ϕ_A で決まる．

$\qquad$ 2. 分散分析表（analysis of variance）（ANOVA）

$\qquad$ 3. 仮説は，ここでは $H_0 : \sigma_A^2 = 0$, $H_1 : \sigma_A^2 > 0$ を用いる．（ほかの立て方もある．）

手順 6 $A_1, A_2, \cdots, A_i$ 各水準の信頼度 95%の区間推定

$\qquad \overline{x}_{i\cdot} \pm t(\phi_e, 0.05)\sqrt{V_e/n}$ $\qquad$ (5.5)

手順 7 2 組の平均値の差の信頼度 95%の区間推定

5.2 要因実験（完全ランダム型）

$$(\overline{x}_{i.} - \overline{x}_{i.}') \pm t(\phi_e, 0.05)\sqrt{2V_e/n} \tag{5.6}$$

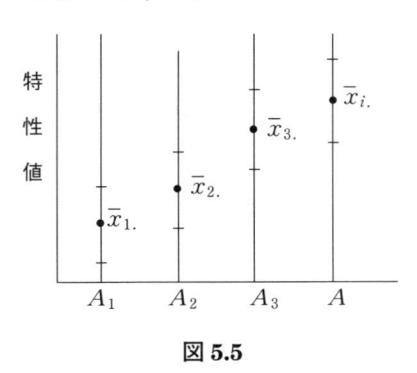

図 5.5

手順 8 最適実験条件

$A_1, A_2, \cdots, A_i$ のうち最適な条件によって決まる.
（例えば，収率の場合は値の大きい方がよい.）

〈参考〉 母数模型（fixed-effect factor）（因子）と変量模型（randam-effect factor）（因子）

母数因子：水準 $(A_1, A_2, \cdots, A_i)$ を変化させるとき，再現性のある因子.
（制御できる因子）

変量因子：水準 $(A_1, A_2, \cdots, A_i)$ を変化させるとき，再現性のない因子.
（制御できない因子）

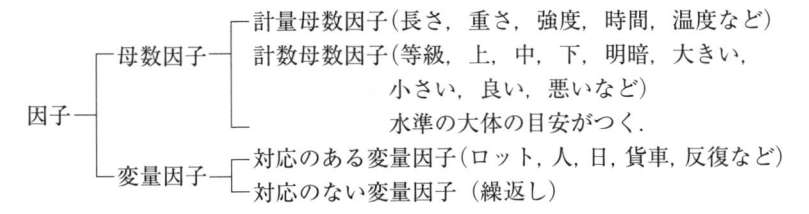

因子 ─┬─ 母数因子 ─┬─ 計量母数因子(長さ，重さ，強度，時間，温度など)
　　　│　　　　　　├─ 計数母数因子(等級，上，中，下，明暗，大きい，
　　　│　　　　　　│　　　　　　　　小さい，良い，悪いなど)
　　　│　　　　　　└─ 水準の大体の目安がつく.
　　　└─ 変量因子 ─┬─ 対応のある変量因子(ロット，人，日，貨車，反復など)
　　　　　　　　　　└─ 対応のない変量因子（繰返し）

◎分散分析までは母数因子も変量因子も同様に計算を行う.
　母数因子は母平均 μ_A を推定する. 　$\hat{\mu}_A \pm (\phi_e, 0.05) \pm \sqrt{V_e/n}$
　変量因子は母分散 σ_A^2 を推定する.

$$\hat{\sigma}_A^2 = \frac{V_A - V_e}{n} \quad \text{分散分析表の } E(V) \text{ より}$$

(2) ［例題］一元配置（繰返し n が一定で母数因子）の例

［例 5.1］

ブレーキの騒音について調べるため，騒音に関係のあると思われる部品 A を取り上げその加工条件を A_1，A_2，A_3 の 3 水準，その繰返し 4 回，計 12 回の実験をランダムに行った．結果は表 5.4 のとおりである解析せよ．

表 5.4 x_{ij}

単位　ホン

j \ i	A_1	A_2	A_3
繰返し 1	82	84	75
2	86	75	72
3	89	76	79
4	94	83	77

手順 1　グラフ化

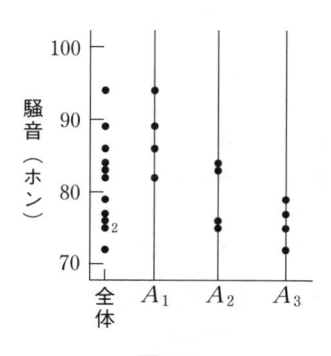

図 5.6

手順 2　等分散検定

$R_1 = 94 - 82 = 12$
$R_2 = 84 - 75 = 9$
$R_3 = 79 - 72 = 7$ ── $\sum R = 28$

$\overline{R} = (28/3) = 9.33$

$D_4 \overline{R} = 2.282 \times 9.33 = 21.29 > R_i$ にて等分散とみなす．

ただし，R 管理図より，$n = 4$ の $D_4 = 2.282$ ［付表 5（p.212）参照］

5.2 要因実験(完全ランダム型)

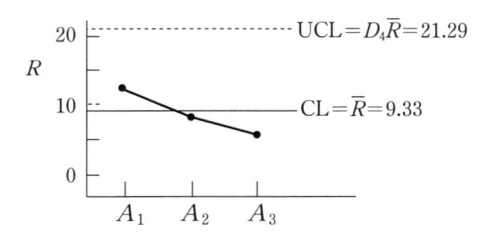

```
        UCL=D₄R̄=21.29
R  20 ┄┄┄┄┄┄┄┄┄┄┄
   10        CL=R̄=9.33
    0
      A₁  A₂  A₃
```

図 5.7

手順 3 データの構造　$x_{ij} = \mu + \alpha_i + \varepsilon_{ij}$ 　　　　　　　　(5.7)

手順 4 表 5.4 より表 5.5 の (x_{ij}^2), S_T, S_A, S_e を計算する.ただし,$a=3$,$n=4$ とする.

表 5.5 $x_{ij}\ (x_{ij}^2)$

j \ i	A_1	A_2	A_3
1	82 (6 724)	84 (7 056)	75 (5 625)
2	86 (7 396)	75 (5 625)	72 (5 184)
3	89 (7 921)	76 (5 776)	79 (6 241)
4	94 (8 836)	83 (6 889)	77 (5 929)
$x_{i\cdot}$	$x_{1\cdot}=351$	$x_{2\cdot}=318$	$x_{3\cdot}=303$
$x_{\cdot\cdot}=\Sigma\Sigma x_{ij}=972$　$(\Sigma\Sigma x_{ij}^2=79\,202)$			

各平方和を求める.(表 5.5 より)

$$CT = \frac{(\Sigma\Sigma x_{ij})^2}{an} = \frac{(972)^2}{3\times 4} = 78\,732$$

$$S_T = \Sigma\Sigma x_{ij}^2 - CT = 79\,202 - 78\,732 = 470$$

$$S_A = \frac{1}{n}(x_{1\cdot}^2 + x_{2\cdot}^2 + x_{3\cdot}^2) - CT$$

$$= \frac{1}{4}(351^2 + 318^2 + 303^2) - 78\,732 = 301.5$$

$$S_e = S_T - S_A = 470 - 301.5 = 168.5 \qquad \because \ S_T = S_A + S_e$$

手順5 各自由度 ϕ_T, ϕ_A, ϕ_e を求める.

$$\phi_T = an - 1 = 3 \times 4 - 1 = 11$$

$$\phi_A = a - 1 = 3 - 1 = 2$$

$$\phi_e = \phi_T - \phi_A = 11 - 2 = 9 \qquad \because \ \phi_T = \phi_A + \phi_e$$

手順6 分散分析表を作る.

表 5.6 分散分析表　$H_0 : \sigma_A^2 = 0$　$H_1 : \sigma_A^2 > 0$

要因	S	ϕ	V	F_0	$E(V)$
A	301.5	2	150.8	8.06**	$\sigma_e^2 + n\sigma_A^2$
e	168.5	9	18.7		σ_e^2
T	470.0	11			

$F_9^2(0.05) = 4.26 \quad F_9^2(0.01) = 8.02$

分散の期待値（expectation）$E(V)$ の詳細は省略.

[参考] 分散分析の図解説 (概要)
（一元配置）表 5.6 より

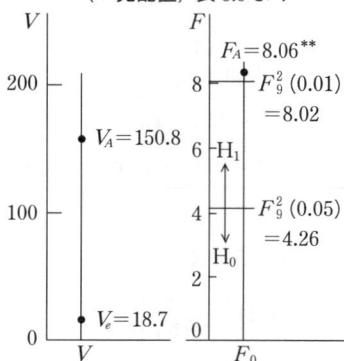

結論　A は有意水準 $\alpha = 1\%$ にて有意であり，H_1 採択し，H_0 棄却する. すなわち，要因 A は有意水準 1% にて騒音に関係あり.

　　注　ここでは，$F(\phi_A, \phi_e; 0.05) = F_{\phi_e}^{\phi_A}(0.05)$，また，$F(\phi_A, \phi_e; 0.01) =$

5.2 要因実験（完全ランダム型）　　　　　　　　　　　　　　95

$F_{\phi_e}^{\phi_A}(0.01)$ を用いる.

したがって，$F(2, 9; 0.05) = F_9^2(0.05) = 4.26$　また，$F_9^2(0.01) = 8.02$ である．[付表4.1 (p.208) 参照]

手順7 各 $\bar{x}_{i\cdot}$ の指定を行う．

$$\bar{x}_{i\cdot} \pm t(\phi_e, 0.05)\sqrt{\frac{V_e}{n}} = \bar{x}_{i\cdot} \pm t(9, 0.05)\sqrt{\frac{18.7}{4}}$$

$$= \bar{x}_{i\cdot} \pm 2.262 \times 2.162 = \bar{x}_{i\cdot} \pm 4.89 \text{（ホン）}$$

点推定：$\bar{x}_{1\cdot} = \dfrac{351}{4} = 87.75$　　　$\bar{x}_{2\cdot} = \dfrac{318}{4} = 79.50$

$\bar{x}_{3\cdot} = \dfrac{303}{4} = 75.75$

区間推定：$\left[\bar{x}_i - t(\phi_e, 0.05)\sqrt{\dfrac{V_e}{n}} \leq \mu_i \leq \bar{x}_i + t(\phi_e, 0.05)\sqrt{\dfrac{V_e}{n}}\right]$

より

　　　　　　　　　　L　　　　U
A_1：87.75 ± 4.89　　$82.86 \leq \mu_{A1} \leq 92.64$（ホン）
A_2：79.50 ± 4.89　　$74.61 \leq \mu_{A2} \leq 84.39$（ホン）
A_3：75.75 ± 4.89　　$70.86 \leq \mu_{A3} \leq 80.64$（ホン）

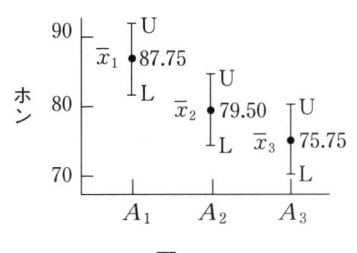

図 5.8

手順8 2組の平均値の差の推定（例えば，$\bar{x}_{1\cdot} - \bar{x}_{3\cdot}$ の差の推定を行う）．

$$(\bar{x}_{1\cdot} - \bar{x}_{3\cdot}) \pm t(\phi_e, 0.05)\sqrt{\frac{2V_e}{n}} \text{　より}$$

注　$2V_e$ は分散の加法性に従う．

$$(87.75 - 75.75) \pm 2.262\sqrt{\frac{2 \times 18.7}{4}} = 12.0 \pm 6.92$$

　　　注　分散の加法性とは，例えば2組の分散 V_1, V_2 の和又は差はいずれも $V_1 + V_2$ で表す．V_1, V_2 が等分散ならば $V_1 = V_2 = V$ となり，$V_1 + V_2 = 2V$ となる．

$$\therefore\ 5.08 \leq (\mu_{1.} - \mu_{3.}) \leq 18.92\ （ホン）$$

手順9　最適実験条件（この場合は騒音であるから値は小さい方がよい）

　　　値の小さいものは A_3 の $\overline{x}_3 = 75.75$（ホン）である．

　　〈参考〉　要因が"対応のある変量"の場合の推定について

　　　　　例5.1の要因 A は母数因子であるが，これをあえて"対応のある変量因子"，例えば，作業者 A_1, A_2, A_3 とすると，この場合の推定は σ_A^2 を推定する．すなわち，表5.6の分散分析表の $E(V)$ より，

$$V_A = \hat{\sigma}_e^2 + 4\hat{\sigma}_A^2 = 150.8 \qquad V_e = \hat{\sigma}_e^2 = 18.7$$

$$\therefore\ \hat{\sigma}_A^2 = \frac{V_A - V_e}{n} = \frac{150.8 - 18.7}{4} = 33.025\ （ホン）^2$$

したがって，$\hat{\sigma}_A = \sqrt{\hat{\sigma}_A^2} = \sqrt{33.025\ （ホン）^2} = 5.75$（ホン）

(3)　データの構造（参考）

データの構造と分解及び平方和 S の分解（表5.7）

データの構造（母数）

$$x_{ij} = \mu + \alpha_i + \varepsilon_{ij} \tag{5.8}$$

データの分解（統計量）

$$x_{ij} = \hat{\mu} + a_i + e_{ij} \tag{5.9}$$

$$S_T = \Sigma\Sigma x_{ij}^2 - \frac{(\Sigma\Sigma x_{ij})^2}{an} = \Sigma\Sigma x_{ij}^2 - CT = 79\,202 - \frac{(972)^2}{3 \times 4}$$

$$= 79\,202 - 78\,732 = 470.0 \quad \longleftarrow$$

$$S_T = \Sigma\Sigma(x_{ij} - \overline{x}..)^2 = 470.0 \quad \longleftarrow \qquad \text{OK}$$

$$S_A = \frac{\Sigma x_i^2}{n} - \frac{(\Sigma\Sigma x_{ij})^2}{an} = \frac{\Sigma x_i^2}{n} - CT$$

$$= \frac{1}{n}(x_{1.}^2 + x_{2.}^2 + x_{3.}^2) - CT$$

5.2 要因実験(完全ランダム型)

表 5.7

x_{ij}

j\\i	A_1	A_2	A_3
1	x_{11}	x_{21}	x_{31}
2	x_{12}	x_{22}	x_{32}
3	x_{13}	x_{23}	x_{33}
4	x_{14}	x_{24}	x_{34}

x_{ij}

j\\i	A_1	A_2	A_3	
1	82	84	75	
2	86	75	72	
3	89	76	79	
4	94	83	77	
和	351	318	303	972

$x_1.\quad x_2.\quad x_3.\quad x..=\Sigma\Sigma x_{ij}$

x_{ij}^2

A_1	A_2	A_3
6 724	7 056	5 625
7 396	5 625	5 184
7 921	5 776	6 241
8 836	6 889	5 929
$\Sigma\Sigma x_{ij}^2$ =79 202		

μ ‖

総平均 | μ |

$\hat{\mu}=\overline{x}..$

| 81.0 |

$(x_{ij}-\overline{x}..)$

1.0	3.0	-6.0
5.0	-6.0	-9.0
8.0	-5.0	-2.0
13.0	2.0	-4.0
$\Sigma\Sigma(x_{ij}-\overline{x}..)=0$		

a_i

	a_1	a_2	a_3
Aの効果	a_1	a_2	a_3
	a_1	a_2	a_3
	a_1	a_2	a_3

$\overline{x}_1.=\dfrac{351}{4}=87.75$
$\overline{x}_2.=\dfrac{318}{4}=79.50$
$\overline{x}_3.=\dfrac{303}{4}=75.75$

$a_i=\overline{x}_i.-\overline{x}..$

6.75	-1.50	-5.25
6.75	-1.50	-5.25
6.75	-1.50	-5.25
6.75	-1.50	-5.25
$\Sigma\Sigma a_i=0$		

$(x_{ij}-\overline{x}..)^2$

1.00	9.00	36.00
25.00	36.00	81.00
64.00	25.00	4.00
169.00	4.00	16.00
$S_T=\Sigma\Sigma(x_{ij}-\overline{x}..)^2=470.00$		

ε_{ij}

	ε_{11}	ε_{21}	ε_{31}
誤差	ε_{12}	ε_{22}	ε_{32}
	ε_{13}	ε_{23}	ε_{33}
	ε_{14}	ε_{24}	ε_{34}
	$N(0,\sigma_\varepsilon^2)$		

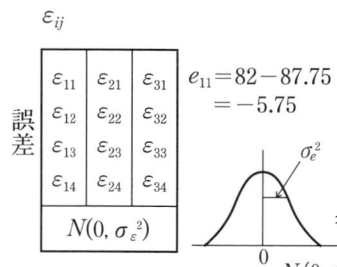

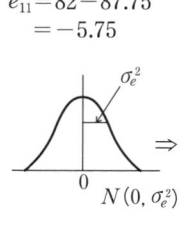

$e_{11}=82-87.75$
$\quad =-5.75$

$\Rightarrow N(0,\sigma_e^2)$

$e_{ij}=x_{ij}-\overline{x}_i.$

-5.75	4.5	-0.75
-1.75	-4.5	-3.75
1.25	-3.5	3.25
6.25	3.5	1.25
$\Sigma\Sigma e_{ij}=0$		

$(e_{ij})^2$

33.062 5	20.25	0.562 5
3.062 5	20.25	14.062 5
1.562 5	12.25	10.562 5
39.062 5	12.25	1.562 5
$S_e=\Sigma\Sigma e_{ij}^2=168.5$		

$$\therefore \quad S_A = \frac{1}{4}(351^2 + 318^2 + 303^2) - 78\,732$$
$$= 79\,033.5 - 78\,732 = 301.5 \quad \longleftarrow$$
$$S_A = \Sigma\Sigma(\overline{x}_{i.} - \overline{x}_{..})^2 = n\Sigma(\overline{x}_{i.} - \overline{x}_{..})^2 = n\Sigma a_i^2 \qquad \text{OK}$$
$$= 4[(6.75)^2 + (-1.50)^2 + (-5.25)^2] = 301.5 \quad \longleftarrow$$
$$S_e = S_T - S_A = 470.0 - 301.5 = 168.5 \quad \longleftarrow$$
$$\qquad\qquad\qquad\qquad\qquad\qquad\qquad\qquad \text{OK}$$
$$S_e = \Sigma\Sigma(x_{ij} - \overline{x}_{i.})^2 = \Sigma\Sigma e_{ij}^2 = 168.5 \quad \longleftarrow$$

5.2.2 二元配置 (two-way layout)

JIS Z 8101-3 では,2 因子実験 (two-factor experiment) にて,"応答変数に影響を与え得る二つの異なる因子を同時に検討する実験."と規定されている.

なお,これには同一条件 A_iB_j にて実験を 1 回行う場合と,同一実験条件にて,2 回以上繰返して行う場合がある.前者を繰返しのない二元配置といい,後者を繰返しのある二元配置という.

(1) 二元配置(繰返しなし,A,B 母数因子)

この実験の目的は全体の変動を要因 A, B 及び誤差 e のそれぞれに分け,各々の分散を求め,誤差に対する分散比の検討及び A_iB_j の最適実験条件もあわせて検討する.

(1.1) 解析の一般的な手順

手順 1 表 5.8(x_{ij} 表)よりグラフ(図 5.9)を作る.

表 5.8 x_{ij} 表

j \ i	A_1	A_2	A_i	A_a
B_1	x_{11}	x_{21}	⋯	x_{a1}
B_2	x_{12}	x_{22}	⋯	x_{a2}
B_j	⋮	⋮	x_{ij}	⋮
B_b	x_{1b}	x_{2b}		x_{ab}

5.2 要因実験（完全ランダム型）

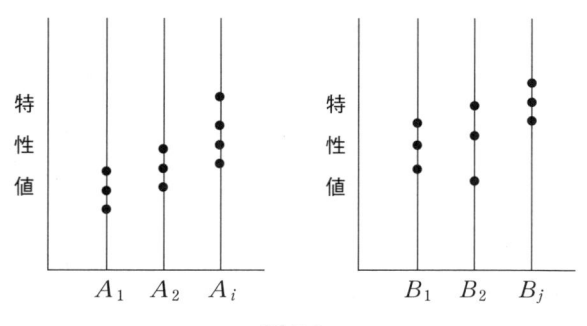

図 5.9

表 5.8 より，図 5.10 を作る．

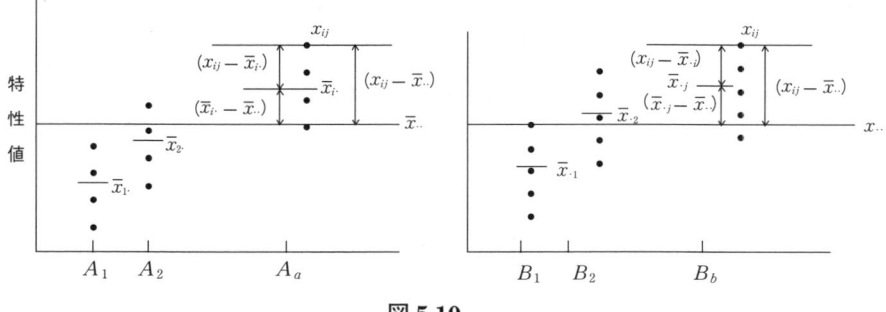

図 5.10

手順 2 データの構造　$x_{ij}=\mu+\alpha_i+\beta_j+\varepsilon_{ij}$ (5.10)

手順 3 各偏差平方和　S_T, S_A, S_B, S_e を求める．

$$S_T=\sum\sum(x_{ij}-\overline{x}_{..})^2$$
$$=\sum\sum[(\overline{x}_{i.}-\overline{x}_{..})+(\overline{x}_{.j}-\overline{x}_{..})+(x_{ij}-\overline{x}_{i.}-\overline{x}_{.j}+\overline{x}_{..})]^2$$
$$S_A=\sum\sum(\overline{x}_{i.}-\overline{x}_{..})^2$$
$$S_B=\sum\sum(\overline{x}_{.j}-\overline{x}_{..})^2$$
$$S_e=\sum\sum(x_{ij}-\overline{x}_{i.}-\overline{x}_{.j}+\overline{x}_{..})^2$$
∵　偏差和　$\sum\sum(x_{ij}-\overline{x}_{..})=0$
　　　　　　$\sum\sum(\overline{x}_{i.}-\overline{x}_{..})=0$
　　　　　　$\sum\sum(\overline{x}_{.j}-\overline{x}_{..})=0$

⎬ (5.11)

したがって，$S_T=S_A+S_B+S_e$ (5.12)

$$S_T = \Sigma\Sigma(x_{ij} - \overline{x}..)^2 = \Sigma\Sigma x_{ij}^2 - CT$$

$$CT = \frac{(\Sigma\Sigma x_{ij})^2}{ab}$$

ただし，A の水準 a, B の水準 b

$$S_A = \Sigma\Sigma(\overline{x}_{i.} - \overline{x}..)^2 = \frac{1}{b}\Sigma(x_{i.})^2 - CT$$

$$S_B = \Sigma\Sigma(\overline{x}_{.j} - \overline{x}..)^2 = \frac{1}{a}\Sigma(x_{.j})^2 - CT$$

$$S_e = S_T - S_A - S_B$$

(5.13)

手順4 各自由度 ϕ_T, ϕ_A, ϕ_B, ϕ_e を求める

$$\phi_T = ab - 1 \qquad \phi_T = \phi_A + \phi_B + \phi_e$$

$$\phi_A = a - 1 \qquad \phi_B = b - 1$$

$$\phi_e = \phi_T - \phi_A - \phi_B = (ab-1) - (a-1) - (b-1)$$

$$= (a-1)(b-1) = \phi_A \times \phi_B$$

(5.14)

手順5 分散分析表を作る．

$H_0 : \sigma_A^2 = 0 \qquad H_0 : \sigma_B^2 = 0$

$H_1 : \sigma_A^2 > 0 \qquad H_1 : \sigma_B^2 > 0$

表 5.9 分散分析表

要因	S	ϕ	V	F	$F(0.05)$	$F(0.01)$	$E(V)$
A	S_A	$\phi_A = a-1$	$V_A = S_A/\phi_A$	$F_A = V_A/V_e$	$F_{\phi_e}^{\phi_A}(\ )$	$F_{\phi_e}^{\phi_A}(\ )$	$\sigma_e^2 + b\sigma_A^2$
B	S_B	$\phi_B = b-1$	$V_B = S_B/\phi_B$	$F_B = V_B/V_e$	$F_{\phi_e}^{\phi_B}(\ )$	$F_{\phi_e}^{\phi_B}(\ )$	$\sigma_e^2 + a\sigma_B^2$
e	S_e	$\phi_e = (a-1)(b-1)$	$V_e = S_e/\phi_e$				σ_e^2
T	S_T	$\phi_T = ab-1$					

注　繰返しがないとき誤差項 (e) に交互作用 $(A \times B)$ は交絡 (confounding) される．

ここで，交互作用 (interaction) とは，互いに独立の A と B の因子が組み合わさると何らかの効果を現す状態をいう．

すなわち，交絡とは，交互作用 $(A \times B)$ が誤差項 (e) の中に織り込まれて分離できない状態をいい，これを分離させるには繰返しか，反復を行うとよい．

5.2 要因実験（完全ランダム型）

手順 6 A_i 及び B_j の信頼度 95％の推定

① 各水準の推定

$$\text{点推定} \quad A: \bar{x}_{i.} = \frac{\Sigma x_{i.}}{b} \qquad B: \bar{x}_{.j} = \frac{\Sigma x_{.j}}{a}$$

$$\left. \begin{array}{l} \text{区間推定} \quad A: \bar{x}_{i.} \pm t(\phi_e, 0.05) \sqrt{\dfrac{V_e}{b}} \\ \\ \qquad\qquad\quad B: \bar{x}_{.j} \pm t(\phi_e, 0.05) \sqrt{\dfrac{V_e}{a}} \end{array} \right\} \quad (5.15)$$

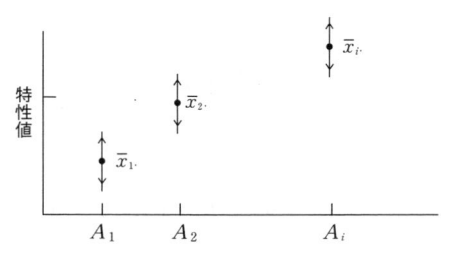

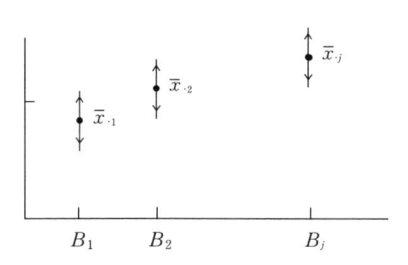

図 5.11

② 2組の平均値の差の推定

$$\left. \begin{array}{l} A: (\bar{x}_{i.} - \bar{x}_{i.}{}') \pm t(\phi_e, 0.05) \sqrt{\dfrac{2V_e}{b}} \\ \\ B: (\bar{x}_{.j} - \bar{x}_{.j}{}') \pm t(\phi_e, 0.05) \sqrt{\dfrac{2V_e}{a}} \end{array} \right\} \quad (5.16)$$

③ 最適実験条件

$$\hat{\mu}_{ij} = \hat{\mu}(A_i B_j) = \bar{x}_{i.} + \bar{x}_{.j} - \bar{x}_{..}$$

$$= \frac{\Sigma x_{i.}}{a} + \frac{\Sigma x_{.j}}{b} - \frac{\Sigma\Sigma x_{ij}}{ab} \quad (5.17)$$

（最適実験条件は，その目的によって，値の大きい場合と小さい場合がある．）

$$\hat{\mu}_{ij} \pm t(\phi_e, 0.05) \sqrt{\frac{V_e}{n_e}}$$

ただし，$\dfrac{1}{n_e} = \dfrac{1}{a} + \dfrac{1}{b} - \dfrac{1}{ab}$ 　　伊奈式（伊奈正夫）

n_e：有効繰返し数という．（又は $n_e = \dfrac{ab}{1+\phi_A+\phi_B}$） (5.18)

田口式（田口玄一）

注　伊奈式と田口式は同じ意味であるが，表現が異なるのみ．取り扱いやすいほうを用いればよい．

(1.2)　[例題]　二元配置（繰返しなし，A, B ともに母数因子）

[例 5.2]

粉末冶金工程において，粉末原料を加圧成型し，熱処理を行う工程がある．そこで熱処理後の寸法が成型圧力と熱処理温度とにどのような影響があるかを検討するため，次のような実験を行った．

成型圧力 $A_1 = 1\,000\ \mathrm{kgf/cm^2}$，$A_2 = 2\,000\ \mathrm{kgf/cm^2}$，$A_3 = 3\,000\ \mathrm{kgf/cm^2}$，の 3 水準で，熱処理温度 $B_1 = 900℃ \times 2\,\mathrm{h}$，$B_2 = 1\,000℃ \times 2\,\mathrm{h}$，$B_3 = 1\,100℃ \times 2\,\mathrm{h}$，$B_4 = 1\,200℃ \times 2\,\mathrm{h}$ の 4 水準にて全体の実験 12 回をランダムに行った．

データは次のとおりである．なお，この値は小さいほうがよい．

注　この成型圧力のデータ（$\mathrm{kgf/cm^2}$）は SI 単位に変わる以前のときの資料．

手順 1　データのグラフ化

表 5.10　データ（x_{ij}）

単位　mm

$j \backslash i$	A_1	A_2	A_3	$x_{\cdot j}$	
B_1	19.7	18.6	16.6	54.9	$x_{\cdot 1}$
B_2	18.3	18.1	17.0	53.4	$x_{\cdot 2}$
B_3	18.0	17.2	16.1	51.3	$x_{\cdot 3}$
B_4	17.1	16.4	16.0	49.5	$x_{\cdot 4}$
$x_{i\cdot}$	73.1	70.3	65.7	209.1	
	$x_{1\cdot}$	$x_{2\cdot}$	$x_{3\cdot}$	$x_{\cdot\cdot}$	

5.2 要因実験（完全ランダム型）

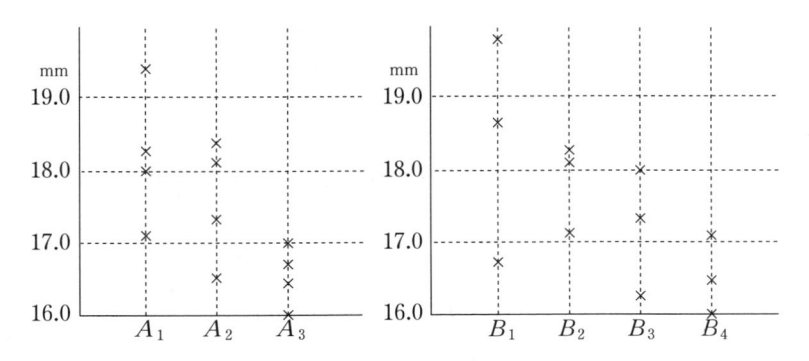

図 5.12

手順2 データの構造 $x_{ij} = \mu + \alpha_i + \beta_j + \varepsilon_{ij}$ (5.19)

手順3 各平方和 S_T, S_A, S_B, S_e を求める．

$$CT = \frac{(\Sigma\Sigma x_{ij})^2}{ab} = \frac{(209.1)^2}{3 \times 4} = 3\,643.567\,5$$

ただし，$a = 3$，$b = 4$

$$S_T = \Sigma\Sigma x_{ij}^2 - CT = (19.7^2 + 18.3^2 + 18.0^2 + \cdots + 16.0^2) - 3\,643.567\,5$$
$$= 3\,657.53 - 3\,643.567\,5 = 13.962\,5$$

$$S_A = \frac{1}{b}(x_{1\cdot}^2 + x_{2\cdot}^2 + x_{3\cdot}^2) - CT$$

$$= \frac{1}{4}(73.1^2 + 70.3^2 + 65.7^2) - 3\,643.567\,5$$

$$= 3\,650.547\,5 - 3\,643.567\,5 = 6.980\,0$$

$$S_B = \frac{1}{a}(x_{\cdot 1}^2 + x_{\cdot 2}^2 + x_{\cdot 3}^2 + x_{\cdot 4}^2) - CT$$

$$= \frac{1}{3}(54.9^2 + 53.4^2 + 51.3^2 + 49.5^2) - 3\,643.567\,5$$

$$= 3\,649.170\,0 - 3\,643.567\,5 = 5.602\,5$$

$$S_e = S_T - S_A - S_B = 13.962\,5 - 6.980\,0 - 5.602\,5 = 1.380\,0$$

手順4 各自由度 ϕ_T, ϕ_A, ϕ_B, ϕ_e を求める．

$\phi_T = ab - 1 = 3 \times 4 - 1 = 11$

$\phi_A = a - 1 = 3 - 1 = 2$

$\phi_B = b - 1 = 4 - 1 = 3$

$\phi_e = \phi_T - \phi_A - \phi_B = (ab-1) - (a-1) - (b-1) = (a-1)(b-1) = \phi_A \times \phi_B$
$= 2 \times 3 = 6$

手順5 分散分析表を作る　$H_0 : \sigma_A^2 = 0$　　$H_0 : \sigma_B^2 = 0$
　　　　　　　　　　　　　$H_1 : \sigma_A^2 > 0$　　$H_1 : \sigma_B^2 > 0$

表 **5.11** 分散分析表

要因	S	ϕ	V	F_0	$E(V)$
A	6.980 0	2	3.49	15.17**	$\sigma_e^2 + 4\sigma_A^2$
B	5.602 5	3	1.87	8.13*	$\sigma_e^2 + 3\sigma_B^2$
e	1.380 0	6	0.23		σ_e^2
T	13.962 5	11			

$A : F_6^2(0.05) = 5.14$　　$F_6^2(0.01) = 10.9$
$B : F_6^3(0.05) = 4.76$　　$F_6^3(0.01) = 9.78$

結論　$A : \alpha = 1\%$，$B : \alpha = 5\%$ にて有意．ともに H_1 が採択．
（交互作用 $A \times B$ は誤差項に交絡）

[参考] **分散分析の図解説（概要）**
（二元配置）繰返しなし
表 5.11 より

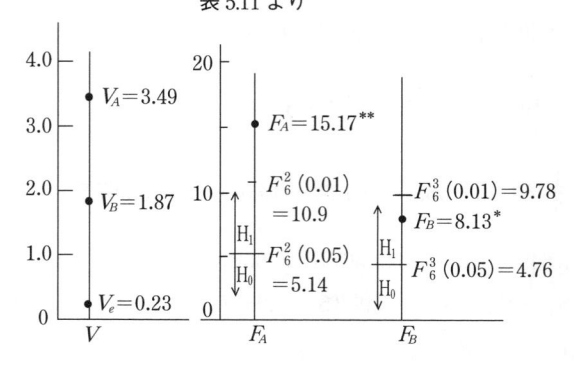

$V_A = 3.49$
$V_B = 1.87$
$V_e = 0.23$

$F_A = 15.17^{**}$
$F_6^2(0.01) = 10.9$
$F_6^2(0.05) = 5.14$

$F_6^3(0.01) = 9.78$
$F_B = 8.13^*$
$F_6^3(0.05) = 4.76$

5.2 要因実験（完全ランダム型）

手順6 A_i, B_j の各水準を推定（単位　mm）

点推定
$$\begin{cases} A : \overline{x}_{1\cdot} = \dfrac{73.1}{4} = 18.275 \\[4pt] \overline{x}_{2\cdot} = \dfrac{70.3}{4} = 17.575 \\[4pt] \overline{x}_{3\cdot} = \dfrac{65.7}{4} = 16.425 \\[4pt] B : \overline{x}_{\cdot 1} = \dfrac{54.9}{3} = 18.3 \\[4pt] \overline{x}_{\cdot 2} = \dfrac{53.4}{3} = 17.8 \\[4pt] \overline{x}_{\cdot 3} = \dfrac{51.3}{3} = 17.1 \\[4pt] \overline{x}_{\cdot 4} = \dfrac{49.5}{3} = 16.5 \end{cases}$$

区間推定
$$\begin{cases} A : \overline{x}_{i\cdot} \pm t(6,\ 0.05)\sqrt{\dfrac{V_e}{b}} = \overline{x}_{i\cdot} \pm 2.447\sqrt{\dfrac{0.23}{4}} \\ \phantom{A : \overline{x}_{i\cdot} \pm t(6,\ 0.05)\sqrt{\dfrac{V_e}{b}}} = \overline{x}_{i\cdot} \pm 0.587\ (\text{mm}) \\[4pt] B : \overline{x}_{\cdot j} \pm t(6,\ 0.05)\sqrt{\dfrac{V_e}{a}} = \overline{x}_{\cdot j} \pm 2.447\sqrt{\dfrac{0.23}{3}} \\ \phantom{B : \overline{x}_{\cdot j} \pm t(6,\ 0.05)\sqrt{\dfrac{V_e}{a}}} = \overline{x}_{\cdot j} \pm 0.678\ (\text{mm}) \end{cases}$$

手順7　2組の平均値の差の推定

A について，例えば，A_1, A_2 の差　$(\overline{x}_{1\cdot} - \overline{x}_{2\cdot}) \pm t(\phi_e, 0.05)\sqrt{\dfrac{2V_e}{b}}$

$$(18.275 - 17.575) \pm 2.447\sqrt{\dfrac{2 \times 0.23}{4}} = 0.7 \pm 0.83\ (\text{mm})$$

$$-0.13 \leqq (\mu_{A1} - \mu_{A2}) \leqq 1.53\ (\text{mm})$$

B について，例えば，B_1, B_2 の差　$(\overline{x}_{\cdot 1} - \overline{x}_{\cdot 2}) \pm t(\phi_e, 0.05)\sqrt{\dfrac{2V_e}{a}}$

$$(18.3 - 17.8) \pm 2.447\sqrt{\dfrac{2 \times 0.23}{3}} = 0.5 \pm 0.96\ (\text{mm})$$

$$-0.46 \leqq (\mu_{B1} - \mu_{B2}) \leqq 1.46\ (\text{mm})$$

手順8 最適実験条件を信頼度95%にて推定する(この場合は小さい方がよい).
表5.10より $x_{i.}$ と $x_{.j}$ の値の小さいものを選ぶ. $A: x_{3.}=65.7$　$B: x_{.4}=49.5$ である.

したがって,最適実験条件は A_3B_4 である.

$$\text{点推定}\quad \hat{\mu}(A_3B_4)=\bar{x}_{3.}+\bar{x}_{.4}-\bar{x}_{..}=\frac{65.7}{4}+\frac{49.5}{3}-\frac{209.1}{3\times 4}=15.5$$

$$\therefore\quad \hat{\mu}(A_3B_4)=15.5\text{ (mm)}$$

区間推定　$\hat{\mu}(A_3B_4)\pm t(\phi_e, 0.05)\sqrt{\dfrac{V_e}{n_e}}$

また, $\dfrac{1}{n_e}=\dfrac{1}{a}+\dfrac{1}{b}-\dfrac{1}{ab}=\dfrac{1}{3}+\dfrac{1}{4}-\dfrac{1}{3\times 4}=\dfrac{1}{2}$ より,

$$15.5\pm 2.447\sqrt{\frac{0.23}{2}}=15.5\pm 0.83$$

$$14.67\leq \mu(A_3B_4)\leq 16.33\text{ (mm)}$$

〈参考〉σ_A^2, σ_B^2, σ_e^2 などを推定する.

$$\hat{\sigma}_e^2=V_e=0.23\text{ (mm)}^2$$
$$V_A=\hat{\sigma}_e^2+4\hat{\sigma}_A^2=3.49\text{ (mm)}^2$$
$$\therefore\quad \hat{\sigma}_A^2=\frac{V_A-V_e}{4}=\frac{3.49-0.23}{4}=0.815\text{ (mm)}^2$$

同様に　$V_B=\hat{\sigma}_e^2+3\hat{\sigma}_B^2=1.87\text{ (mm)}^2$

$$\therefore\quad \hat{\sigma}_B^2=\frac{V_B-V_e}{3}=\frac{1.87-0.23}{3}=0.547\text{ (mm)}^2$$

これは要因 A, B が変量因子で,有意の場合に行う.

(2) 二元配置(繰返しがある場合)

(2.1) 解析の一般的な手順 (省略)

(2.2) [例題] 二元配置(繰返しあり,因子 A, B ともに母数因子)

[例5.3]
──────────────────────────────

ある合成樹脂の成型工程において,成型温度と添加剤の量とが合成樹脂の強度に及ぼす影響を調べるため,次のような実験を行った.

5.2 要因実験（完全ランダム型）

成型温度 (A) を 80℃, 100℃, 120℃, 140℃ の $a=4$ 水準, 添加剤の量 (B) を 5％, 10％, 15％ の $b=3$ 水準とし, 繰返し $n=2$ 回, 計 24 回の実験をランダムに行って強度を測定したら次のとおりであった. 分散分析を行い, 最適実験条件を検討せよ.（なお, 値は大きい方がよい.）

表 5.12 x_{ijk} 表

単位 kgf/cm²

要因	A_1	A_2	A_3	A_4	$x_{\cdot j\cdot}$	
B_1	5.4 6.0	7.3 6.7	7.2 6.5	7.4 6.9	53.4	$x_{\cdot 1 \cdot}$
B_2	5.1 5.2	6.8 7.0	6.9 7.0	7.0 6.9	51.9	$x_{\cdot 2 \cdot}$
B_3	4.6 4.9	6.3 6.7	6.2 6.4	6.8 6.4	48.3	$x_{\cdot 3 \cdot}$
$x_{i\cdot\cdot}$	31.2	40.8	40.2	41.4	153.6	$x_{\cdots}$
	$x_{1\cdot\cdot}$	$x_{2\cdot\cdot}$	$x_{3\cdot\cdot}$	$x_{4\cdot\cdot}$	$\Sigma\Sigma\Sigma x_{ijk}$	

$A : a=4$
$B : b=3$
繰返し : $n=2$

手順 1 x_{ijk} 表よりグラフ化

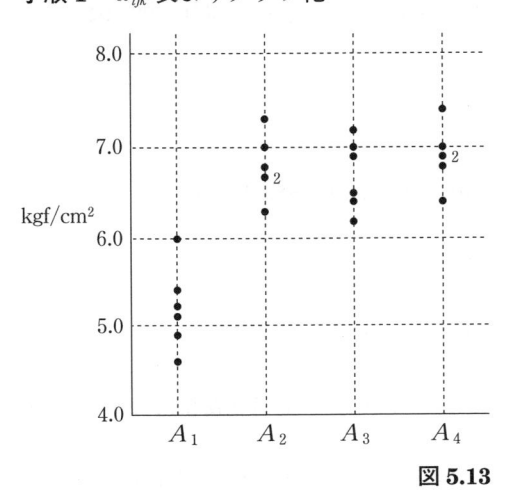

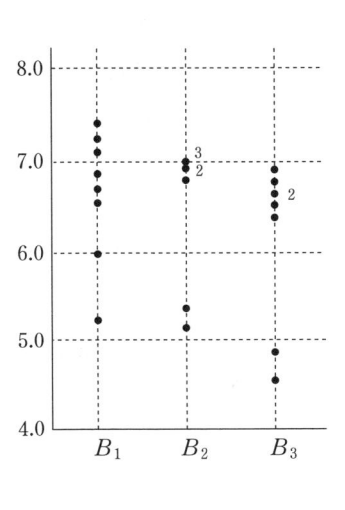

図 5.13

注　図中の数字 (2, 3) は, 同じ値が 2 個, 3 個あった場合.

手順 2 データの構造 $x_{ijk} = \mu + \alpha_i + \beta_j + (\alpha\beta)_{ij} + \varepsilon_{ijk}$ (5.20)
手順 3 等分散検定を行う.

表 5.13 R 表

j \ i	A_1	A_2	A_3	A_4	計
B_1	0.6	0.6	0.7	0.5	$\Sigma R = 4.2$
B_2	0.1	0.2	0.1	0.1	
B_3	0.3	0.4	0.2	0.4	

$\overline{R} = (\Sigma R / ab) = [4.2/(4 \times 3)] = 0.35$

$n = 2$ のときの $D_4 = 3.267$ ［D_4 は付表 5（p.212）参照］

$D_4 \overline{R} = 3.267 \times 0.35 = 1.14 > R_{ij}$ にて等分散とみなす.

手順 4 各平方和 S_T, S_A, S_B, S_{AB}, $S_{A \times B}$, S_e 及び自由度 ϕ_T, ϕ_A, ϕ_B, ϕ_{AB}, $\phi_{A \times B}$ などを求める.

① 各平方和 $CT = \dfrac{(\Sigma\Sigma\Sigma x_{ijk})^2}{abn} = \dfrac{(153.6)^2}{4 \times 3 \times 2} = 983.04$

$S_T = \Sigma\Sigma\Sigma x_{ijk}^2 - CT = (5.4^2 + 6.0^2 + 5.1^2 + \cdots + 6.4^2) - 983.04$
$\quad = 997.66 - 983.04 = 14.62$

$S_A = \dfrac{1}{bn}(x_{1..}^2 + x_{2..}^2 + x_{3..}^2 + x_{4..}^2) - CT$

$\quad = \dfrac{1}{3 \times 2}(31.2^2 + 40.8^2 + 40.2^2 + 41.4^2) - 983.04 = 11.64$

$S_B = \dfrac{1}{an}(x_{.1.}^2 + x_{.2.}^2 + x_{.3.}^2) - CT$

$\quad = \dfrac{1}{4 \times 2}(53.4^2 + 51.9^2 + 48.3^2) - 983.04 = 1.7175$

* $S_{AB} = \dfrac{1}{n}(x_{11.}^2 + x_{12.}^2 + x_{13.}^2 + \cdots + x_{43.}^2) - CT$ （表 5.14 より）

$\quad = \dfrac{1}{2}(11.4^2 + 10.3^2 + 9.5^2 + \cdots + 13.2^2) - 983.04 = 13.63$

$S_{A \times B} = S_{AB} - (S_A + S_B) = 13.63 - (11.64 + 1.7175) = 0.2725$

5.2 要因実験（完全ランダム型）　　109

$$\because S_{AB}=S_A+S_B+S_{A\times B} \quad \therefore S_{AB}\neq S_{A\times B}$$

$$S_e=S_T-(S_A+S_B+S_{A\times B})=S_T-S_{AB}=14.62-13.63=0.9900$$

表5.14 $x_{ij.}$ 表

j＼i	A_1	A_2	A_3	A_4	$x_{.1.}$
B_1	11.4	14.0	13.7	14.3	53.4
B_2	10.3	13.8	13.9	13.9	51.9
B_3	9.5	13.0	12.6	13.2	48.3
$x_{1..}$	31.2	40.8	40.2	41.4	153.6

② 各自由度を求める．

$\phi_T=abn-1=4\times 3\times 2-1=23$

$\phi_A=a-1=4-1=3$

$\phi_B=b-1=3-1=2$

$\phi_{AB}=ab-1=4\times 3-1=11$

　　$\because \phi_{AB}=\phi_A+\phi_B+\phi_{A\times B} \quad \therefore \phi_{AB}\neq\phi_{A\times B}$

$\phi_{A\times B}=\phi_{AB}-(\phi_A+\phi_B)=\phi_A\times\phi_B=3\times 2=6$

$\phi_e=\phi_T-\phi_{AB}=23-11=12$

手順5 分散分析表を作る．

$H_0: \sigma_A^2=0 \quad \sigma_B^2=0 \quad \sigma_{A\times B}^2=0$

$H_1: \sigma_A^2>0 \quad \sigma_B^2>0 \quad \sigma_{A\times B}^2>0$

表5.15 分散分析表（1）

要因	S	ϕ	V	F_0	$E(V)$
A	11.6400	3	3.880	46.75**	$\sigma_e^2+6\sigma_A^2$
B	1.7175	2	0.859	10.35**	$\sigma_e^2+8\sigma_B^2$
$A\times B$	0.2725	6	0.045	—	$\sigma_e^2+2\sigma_{A\times B}^2$
e	0.9900	12	0.083		σ_e^2
T	14.6200	23			

$F_{12}^{3}(0.05)=3.49$　$F_{12}^{3}(0.01)=5.95$　　$F_{12}^{2}(0.05)=3.89$　$F_{12}^{2}(0.01)=6.93$

要因は，A, B は1%有意である．$A \times B$ は有意でないため誤差 e にプールして分散分析表(2)を作る．

[参考] 分散分析の図解説（概要）

（二元配置）繰返しあり
表 5.15 (1) より

$V_A=3.880$
$V_B=0.859$
$V_e=0.083$
$V_{A \times B}=0.045$

$F_A=46.75^{**}$
$F_B=10.35^{**}$

$F_{12}^{3}(0.01)=5.95$　$F_{12}^{2}(0.01)=6.93$
$F_{12}^{3}(0.05)=3.49$　$F_{12}^{2}(0.05)=3.89$

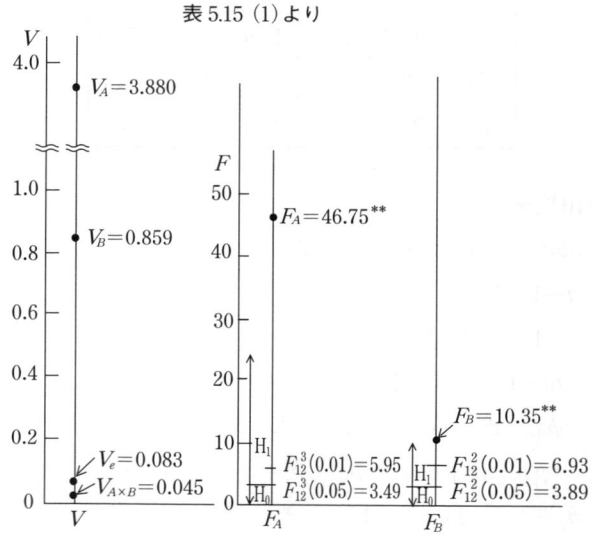

表 5.16 分散分析表 (2)

要因	S	ϕ	V	F_0	$F(0.05)$	$F(0.01)$	$E(V)$
A	11.640 0	3	3.880	55.43** ≫	3.16	5.09	$\sigma_{e'}^2 + 6\sigma_A^2$
B	1.717 5	2	0.859	12.27** ≫	3.55	6.01	$\sigma_{e'}^2 + 8\sigma_B^2$
e'	1.262 5	$\phi_{e'}=18$	$V_{e'}=0.070$				$\sigma_{e'}^2$
T	14.620 0	23					

注　分散分析表(2)は繰返しのない二元配置の型になる．

5.2 要因実験（完全ランダム型）

手順6 各平均値（$\bar{x}_{ij\cdot}$）及びグラフを作る．

表 5.17 $\bar{x}_{ij\cdot}$ 表

j \ i	A_1	A_2	A_3	A_4
B_1	5.70	7.00	6.85	7.15
B_2	5.15	6.90	6.95	6.95
B_3	4.75	6.50	6.30	6.60

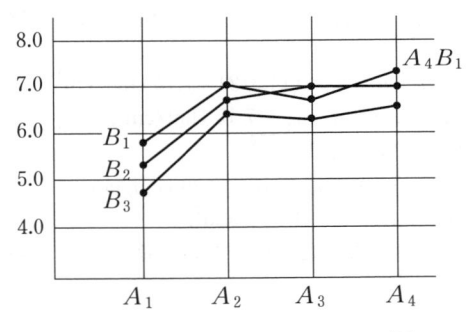

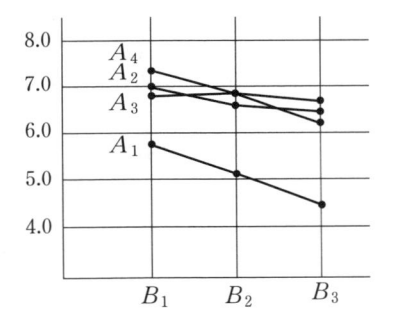

図 5.14

手順7 最適実験条件を信頼度95％にて推定する．（値は大きい方がよい．）
表5.12又は表5.14より，

点推定 $\hat{\mu}(A_4 B_1) = \bar{x}_{4\cdot\cdot} + \bar{x}_{\cdot 1 \cdot} - \bar{x}_{\cdot\cdot\cdot} = \dfrac{x_{4\cdot\cdot}}{bn} + \dfrac{x_{\cdot 1 \cdot}}{an} - \dfrac{\Sigma\Sigma\Sigma x_{ijk}}{abn}$

$$= \frac{41.4}{3 \times 2} + \frac{53.4}{4 \times 2} - \frac{153.6}{4 \times 3 \times 2} = 7.175 \ (\text{kgf/cm}^2)$$

有効繰返し数 $\dfrac{1}{n_e} = \dfrac{1}{bn} + \dfrac{1}{an} - \dfrac{1}{abn}$

$$= \frac{1}{3 \times 2} + \frac{1}{4 \times 2} - \frac{1}{4 \times 3 \times 2} = \frac{1}{4}$$

区間推定　$\hat{\mu}(A_4B_1) \pm t(\phi_e', 0.05)\sqrt{\dfrac{V_e'}{n_e}} = 7.175 \pm 2.101\sqrt{\dfrac{0.070}{4}}$

$\hspace{6em} = 7.175 \pm 0.278 \ (\mathrm{kgf/cm^2})$

したがって，最適実験条件 $\mu(A_4B_1)$ の区間推定は，

$\hspace{3em} 6.897 \leqq \mu(A_4B_1) \leqq 7.453 \ (\mathrm{kgf/cm^2})$

(2.3) データの構造（省略）

　補足　交互作用が有意の場合の推定について
　　この例をあえて交互作用 $A \times B$ が有意と仮定した場合の最適実験条件の推定の手法について．

① 最適実験条件：この場合，表 5.14 より $x_{ij.}$ の一番値の大きい組合せは (A_4B_1) である．
② この点推定：表 5.14 より　$\hat{\mu}_{(A_4B_1)} = (14.3/2) = 7.15 \ (\mathrm{kgf/cm^2})$
　　　　　　　　又は表 5.17 より　$\hat{\mu}_{(A_4B_1)} = 7.15 \ (\mathrm{kgf/cm^2})$
③ 区間推定：$\hat{\mu}_{(A_4B_1)} \pm t(\phi_e', 0.05)\sqrt{(V_e'/n)}$
　　　　　　　$= 7.15 \pm 2.101\sqrt{(0.07/2)} = 7.15 \pm 0.39 \ (\mathrm{kgf/cm^2})$
　　　　　$\therefore \ \ 6.76 \leqq \mu_{(A_4B_1)} \leqq 7.54 \ (\mathrm{kgf/cm^2})$

注　この値は $A \times B$ が有意でないため使えない．考え方のみ参考にする．

5.2.3 三元配置（three-way layout）の概要

三元配置は二元配置の拡張で，二元配置をマスターすれば比較的簡単に理解できると思う．

三元配置にも，①繰返しのない場合と，②繰返しのある場合がある．

例えば，因子を A，B，C とし，$A:a=3$ 水準，$B:b=2$ 水準，$C:c=2$ 水準としたとき平方和 S と自由度 ϕ は次のようになる．

① 繰返しのない場合（全実験回数 $n=abc=3\times 2\times 2=12$）

　平方和 $S: S_T, S_A, S_B, S_C, S_{A\times B}, S_{A\times C}, S_{B\times C}, S_e$ が検出され，3因子交互作用 $S_{A\times B\times C}$ は誤差項 S_e に交絡される．

　自由度 $\phi: \phi_T, \phi_A, \phi_B, \phi_C, \phi_{A\times B}, \phi_{A\times C}, \phi_{B\times C}, \phi_e$

　この場合，$\phi_T = 11 = 2+1+1+2+2+1+\phi_e$ にて　$\phi_e = 11-9 = 2$

② 繰返しありの場合　繰返し $r=2$ とする．（全実験回数 $n=abcr=3\times 2$

$\times 2 \times 2 = 24$)

平方和 $S : S_T, S_A, S_B, S_C, S_{A\times B}, S_{A\times C}, S_{B\times C}, S_{A\times B\times C}, S_e(S_{A\times B\times C}$ は誤差項から分離される.)

自由度 $\phi : \phi_T, \phi_A, \phi_B, \phi_C, \phi_{A\times B}, \phi_{A\times C}, \phi_{B\times C}, \phi_{A\times B\times C}, \phi_e$

この場合, $\phi_T = 23 = 2+1+1+2+2+1+2+\phi_e$ にて

$$\phi_e = 23 - 11 = 12$$

蛇足 繰返しのない場合とある場合の検討

この例では, <u>ない場合</u>は, 12回の実験でよいが, このときの自由度 $\phi_e = 2$ である.

また, <u>ある場合</u>は, 24回の実験を行うことになり, その自由度 $\phi_e = 24$ となる. 繰返しを行うと自由度が多くなるため, 各分散 V_A, V_B, V_C などの精度がよくなる.

5.3 一元配置から三元配置までのまとめ

表 5.18

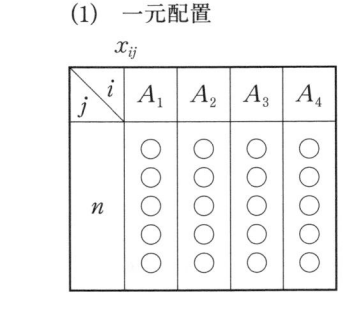

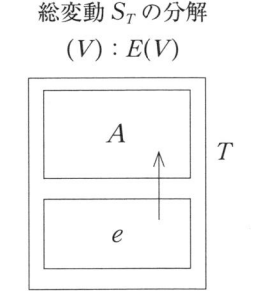

(1) 一元配置

x_{ij}

総変動 S_T の分解
$(V) : E(V)$

(1) 分散分析表 $A : a = 4$ $n = 5$

要因	S	ϕ	V	F_0	$E(V)$
A	S_A	$\phi_A = a-1$	V_A	F_A	$\sigma_e^2 + n\sigma_A^2$
e	S_e	$\phi_e = a(n-1)$	V_e		σ_e^2
T	S_T	$\phi_T = an-1$			

表 5.18

(2) 二元配置（繰返しなし）

x_{ij}

j\i	A_1	A_2	A_3	A_4
B_1	○	○	○	○
B_2	○	○	○	○
B_3	○	○	○	○

総変動 S_T の分解
$(V):E(V)$

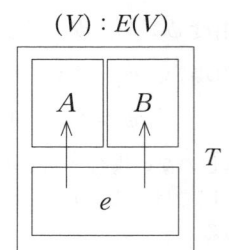

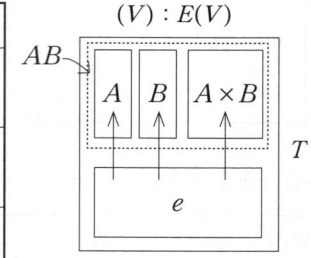

```
┌─────────┬─────────┐
│    A    │    B    │
│    ↑    │    ↑    │  T
├─────────┴─────────┤
│         e         │
└───────────────────┘
```

(2) 分散分析表　$A:a=4$　$B:b=3$

要因	S	ϕ	V	F_0	$E(V)$
A	S_A	$\phi_A=a-1$	V_A	F_A	$\sigma_e^2+b\sigma_A^2$
B	S_B	$\phi_B=b-1$	V_B	F_B	$\sigma_e^2+a\sigma_B^2$
e	S_e	$\phi_e=(a-1)(b-1)$	V_e		σ_e^2
T	S_T	$\phi_T=ab-1$			

(3) 二元配置（繰返しあり）

x_{ijk}

j\i	A_1	A_2	A_3
B_1	○○	○○	○○
B_2	○○	○○	○○
B_3	○○	○○	○○
B_4	○○	○○	○○

総変動 S_T の分解
$(V):E(V)$

```
       AB
     ┌┄┄┄┄┄┄┄┄┄┄┄┄┄┄┄┄┄┐
     ┊ ┌───┬───┬─────┐ ┊
     ┊ │ A │ B │ A×B │ ┊
     ┊ │ ↑ │ ↑ │  ↑  │ ┊   T
     ┊ └───┴───┴─────┘ ┊
     └┄┄┄┄┄┄┄┄┄┄┄┄┄┄┄┄┄┘
       ┌─────────────┐
       │      e      │
       └─────────────┘
```

5.3 一元配置から三元配置までのまとめ

（続き）

(3) 分散分析表　$A: a=3$　$B: b=4$　$n=2$

要因	S	ϕ	V	F_0	$E(V)$
A	S_A	$\phi_A = a-1$	V_A	F_A	$\sigma_e^2 + bn\sigma_A^2$
B	S_B	$\phi_B = b-1$	V_B	F_B	$\sigma_e^2 + an\sigma_B^2$
$A \times B$	$S_{A \times B}$	$\phi_{A \times B} = (a-1)(b-1)$	$V_{A \times B}$	$F_{A \times B}$	$\sigma_e^2 + n\sigma_{A \times B}^2$
e	S_e	$\phi_e = ab(n-1)$	V_e		σ_e^2
T	S_T	$\phi_T = abn-1$			

(4) 三元配置（繰返しなし）

x_{ijk}

i \ k \ j		B_1	B_2	B_3	B_4
A_1	C_1	○	○	○	○
	C_2	○	○	○	○
A_2	C_1	○	○	○	○
	C_2	○	○	○	○
A_3	C_1	○	○	○	○
	C_2	○	○	○	○

$(V): E(V)$　総変動 S_T の分解

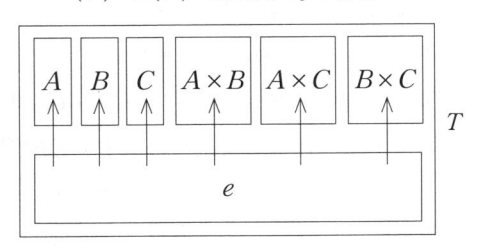

$$A \quad B \quad C \quad A \times B \quad A \times C \quad B \times C$$
$$e$$
$$T$$

表 5.18 （続き）

(4) 分散分析表　$A:a=3$　$B:b=3$　$C:c=2$

要因	S	ϕ	V	F_0	$E(V)$
A	S_A	$\phi_A=a-1$	V_A	F_A	$\sigma_e^2+bc\sigma_A^2$
B	S_B	$\phi_B=b-1$	V_B	F_B	$\sigma_e^2+ac\sigma_B^2$
C	S_C	$\phi_C=c-1$	V_C	F_C	$\sigma_e^2+ab\sigma_C^2$
$A\times B$	$S_{A\times B}$	$\phi_{A\times B}=(a-1)(b-1)$	$V_{A\times B}$	$F_{A\times B}$	$\sigma_e^2+c\sigma_{A\times B}^2$
$A\times C$	$S_{A\times C}$	$\phi_{A\times C}=(a-1)(c-1)$	$V_{A\times C}$	$F_{A\times C}$	$\sigma_e^2+b\sigma_{A\times C}^2$
$B\times C$	$S_{B\times C}$	$\phi_{B\times C}=(b-1)(c-1)$	$V_{B\times C}$	$F_{B\times C}$	$\sigma_e^2+a\sigma_{B\times C}^2$
e	S_e	$\phi_e=(a-1)(b-1)(c-1)$	V_e		σ_e^2
T	S_T	$\phi_T=abc-1$			

(5) 三元配置（繰返しあり）（省略）

(6) ここでは要因を母数因子で取り扱ったが，対応のある変量因子を取り扱う場合は"乱塊法"で行う．また，ここでは全実験回数を完全ランダムにて行ったが，完全ランダムではむりな場合には実験を分けて行う"分割実験"などの技法がある．

ここでは，"乱塊法"，"分割実験"については割愛する．

5.4　OS 線点図の紹介

5.4.1　OS 線点図

一般に直交配列表に用いられる線点図からヒントを得て，実験計画法要因（配置）実験（一元配置，二元配置及び多元配置）などに線点図で表現することを考案し，これを筆者（奥村士郎）の頭文字を取り OS 線点図と名付けた．

これを活用することにより，特に，繰返しのある二元配置や三元配置などの比較的わかりづらい S_{AB} や $S_{A\times B}$（交互作用）の仕組みが図示することにより，理解しやすいように思われる．ただし，完全ランダム型（完備型）の実験計画に使用する．

5.4 OS 線点図の紹介

(1) OS 線点図に用いられる記号及び考え方

繰返しのある二元配置を例にあげて説明する．図 5.15 に各記号を示す．

Ⓐ A 要因　Ⓑ B 要因　◎ 交互作用 ($A \times B$)　△ e 誤差

誤差項 e に $A \times B$ が交絡
（繰返しのない場合）

$AB = A + B + A \times B$

A と B に関する要因全部

T (total すべて)

したがって，各記号を平方和 (S) の次元で，考えるならば，

Ⓐ S_A　Ⓑ S_B　◎ $S_{A \times B}$　△ S_e

$S_{AB} = S_A + S_B + S_{A \times B}$

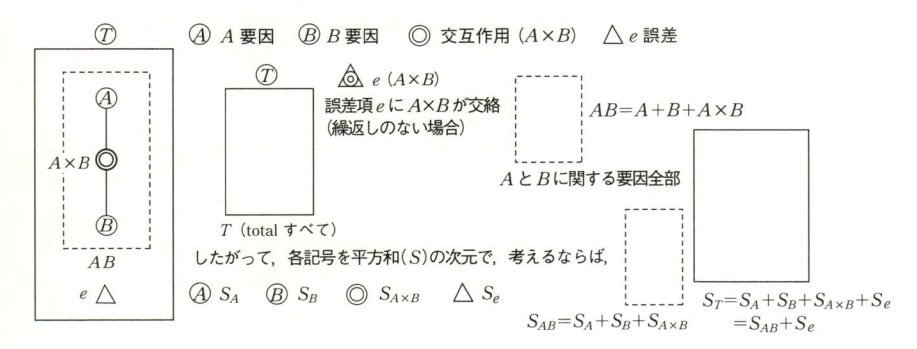

$S_T = S_A + S_B + S_{A \times B} + S_e$
$= S_{AB} + S_e$

図 5.15

したがって，これを繰返しのある二元配置の OS 線点図という．

(2) OS 線点図のまとめ［表 5.19（一覧表）］

表 5.19 は一元配置から四元配置までについて OS 線点図をまとめたものである．

この先，五元配置，六元配置は五角形，六角形と拡張して考えればよい．

(3) OS 線点図による五元配置の概要

繰返しのある五元配置は図 5.16 のようになる．

主要因と二因子交互作用の説明のみにて，三因子以上の交互作用の詳細は省略する．考え方は同じである．

なお，図中の (64) は全実験回数である．

　　　主（効果）要因：A, B, C, D, E ……………… 5 個
　　　二因子交互作用：$A \times B, A \times C$ ……………… 10 個
　　　三因子交互作用：$A \times B \times C, A \times B \times D$ ……… 10 個
　　　四因子交互作用：$A \times B \times C \times D$ ………………… 5 個
　　　五因子交互作用：$A \times B \times C \times D \times E$ …………… 1 個

それに，誤差項 e，全体 T がある．なお，五元配置，六元配置となると大変繁雑となり，しかも余分な実験を行うことになり面倒である．

したがって，要因が多くなると，直交配列表を用いた実験計画を行うことになる．

そこで，一般によく用いられるのは，一元配置〜三元配置までである．

表5.19　一　覧　表

配置		一元	二元		三元			四元			
主要因		A	A	B	A	B	C	A	B	C	D
点		①	①	②	①	②	③	①	②	③	④
OS線点図	交互作用◎繰返しなし				$A\times B, A\times C,$ $B\times C$			$A\times B, A\times C, A\times D$ $B\times C, B\times D, C\times D$			
	繰返しなし		(図) $A\times B$はeに交絡		(図) $A\times B\times C$はeに交絡			(図) $A\times B\times C\times D$は$e$に交絡			
	交互作用◎		$A\times B$		$A\times B, A\times C,$ $B\times C, A\times B\times C$			$A\times B, A\times C, A\times D$ $B\times C, B\times D, C\times D$ $A\times B\times C\times D$			
	繰返しあり	(図)	(図)		(図)			(図)			

注　◎：交互作用，△：誤差e　□：全体T

5.4 OS 線点図の紹介

⒯(64)

図中ラベル: A, B, C, D, E, $A \times B$, $A \times C$, $A \times D$, $A \times E$, $B \times C$, $B \times D$, $B \times E$, $C \times D$, $C \times E$, $D \times E$, $A \times B \times C \times D \times E$
$ABCDE$
△ e

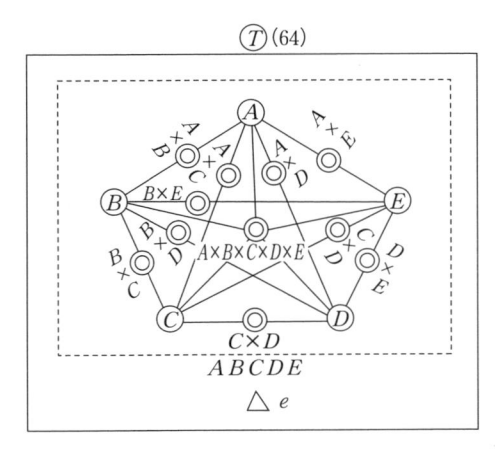

図 5.16

5.4.2 OS 線点図の活用例

一元配置
[例 5.1]
表 5.6 分散分析表より

	T	S_T	470.0
S_A	A	①	
301.5			
S_e	e	△	
168.5			

二元配置(繰返しなし)
[例 5.2]
表 5.11 分散分析表より

	T	S_T	13.9625
S_A	A	①	
6.9800			
S_e	e	△($A \times B$)	
1.3800			
S_B	B	②	
5.6025			

($A \times B$)が誤差 e に交絡

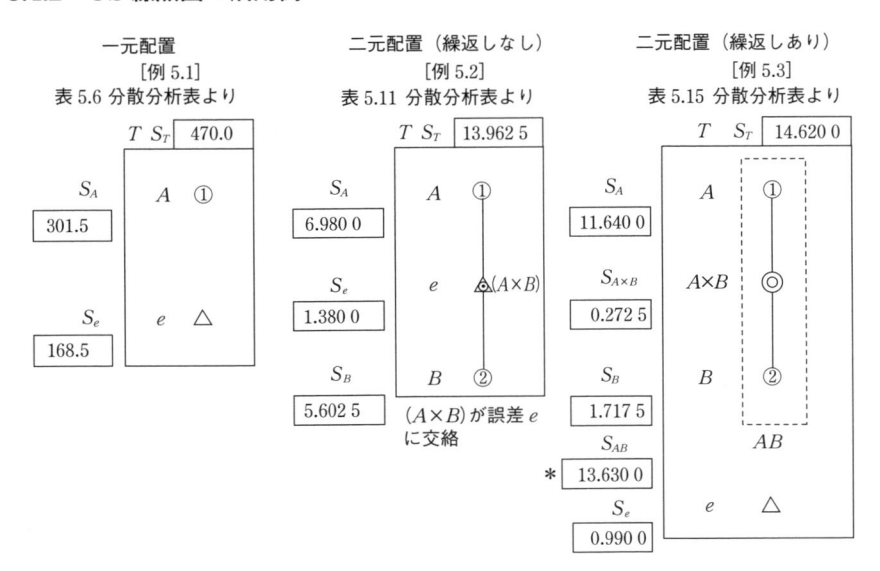

二元配置(繰返しあり)
[例 5.3]
表 5.15 分散分析表より

	T	S_T	14.6200
S_A	A	①	
11.6400			
$S_{A \times B}$	$A \times B$	◎	
0.2725			
S_B	B	②	
1.7175			
S_{AB}		AB	
* 13.6300			
S_e	e	△	
0.9900			

図 5.17

第6章　実験計画法──直交配列表を使用

前章に述べた要因配置実験では，因子を1〜3個ぐらいに絞り込んで検討してきた．

本章は，特性値（結果）に左右すると思われる因子を一度に4〜10個ぐらい取り扱って検討する技法の一つである．一般には水準数を2水準系，3水準系を用いることが多い．2水準系で4水準を混合して取り扱うこともある．要因配置実験に比べ精度的には劣ることもあるが，このメリットは，一度にたくさんの因子を少ない実験回数で検討することができるので好んで活用されている．

すなわち，少ない実験回数でたくさんの因子を一度に"ふるい"にかけ，小さいものは落とし，残った1〜3個の因子について，きめ細かく検討するという考え方である．以降は直交配列表を用いた実験計画について説明する．

6.1　直交配列，直交配列表（orthogonal array）

JIS Z 8101-3：2006［統計─用語と記号─第3部：実験計画法（追補1）］では，直交配列（又は直交配列表）を"因子のすべてのペアに対して，因子の水準について考えられる処理組合せが同数回現れるような処理組合せの集合."と定義している．

また直交配列表のことを単に直交表ともいう．直交配列表の簡単な例を表6.1に示す．

一例として，因子は4個 A, B, C, D を取り上げ，各々2水準の実験を考え，それぞれ A_1, A_2, B_1, B_2, C_1, C_2, D_1, D_2 で表す．因子 A, B, C, D を表6.1の直交配列表の任意の4列，例えば，1列に A, 2列に B, 3列に C, 4列に D を割り付ける．

そして，因子を割り付けた列の数字に従って決められた8回の組合せ実験 No.1 (A_1, B_1, C_1, D_1), No.2 (A_1, B_1, C_1, D_2), …, No.8 (A_2, B_2, C_1, D_2) の8組の実験をランダムに行う．

この8回の実験のうち，同じ組合せ実験で行うことはない．

表 6.1 $L_8(2^7)$ 型直交配列表

実験 No.	列番							データ
	1	2	3	4	5	6	7	x_i
1	1	1	1	1	1	1	1	x_1
2	1	1	1	2	2	2	2	x_2
3	1	2	2	1	1	2	2	x_3
4	1	2	2	2	2	1	1	x_4
5	2	1	2	1	2	1	2	x_5
6	2	1	2	2	1	2	1	x_6
7	2	2	1	1	2	2	1	x_7
8	2	2	1	2	1	1	2	x_8
要因	A	B	C	D				Σx_i
成分	a	a b	a b	a c	c	b c	a b c	
	1群	2群		3群				

6.1.1 直交配列表による実験の実施の目的とその実施にあたって

この実施の目的は，要因の洗い出しと，実験回数を少なくして効率のよい最適実験条件の検討を行うことが主要目的である．

直交配列表の代表的なものとして，$L_8(2^7)$ 型，$L_{16}(2^{15})$ 型，$L_{27}(3^{13})$ 型などがある．例えば，簡単な $L_8(2^7)$ 型を例にとると，L_8（実験回数を8回）［この L はラテン方格（Latin square）の L である．］，(2^7) 2水準で，7要因の割付けが可能である．

すなわち，七つの要因で，各2水準（A_1, A_2, B_1, B_2, C_1, C_2, D_1, D_2, …, G_1, G_2）の組合せを8回の実験で検出できる．七元配置をまともに行うと $2^7 = 128$ 回の

実験を行うことになる．これを，効率よく余分な実験は行わず，必要な組合せ実験を 8 回行い効率を上げるのが目的である．

一般には，問題になっている品質特性（○○のばらつきが大きい，○○不適合が出すぎる．○○の収率を上げたいなどに対して，それに関連すると思われる要因（因子）を過去の実績や経験などをもとにし，systematical（例えば，パレート図，特性要因図，関連図）にて解析し，要因の洗い出しを行い，要因を数個（$A, B, C, D, E, \cdots$）に絞り込む．この絞り込みについては，固有技術をしっかり身に付けて行わないと間違った解析を行うことが多々ある．

我々は，この絞り込みを行い，必要と思われる要因を取り上げ，実験を行う場合，これらの水準数や水準間隔を決めることが何より肝要である．これをおろそかにすると単なる統計の"お遊び"に過ぎず，かえって害になる．よく心して行っていただきたい．

したがって，この場合，考え方として七つの要因を取り上げ，実験を行い"ふるい"にかけて残った要因のみについて検討するという考え方である．

6.1.2　直交配列表の主な種類とその関係

（n：実験回数，l：水準数，k：列番の数又は割付要因数）

$L_n(l^k)$ の k の関係は　$k = \dfrac{n-1}{l-1}$　に従う．

$l=2$ 水準系　　$n : 2 \times 2 = 4$　　$2 \times 4 = 8$　　$2 \times 8 = 16$　　$2 \times 16 = 32$

$\quad n = 4 \quad k = \dfrac{4-1}{2-1} = 3 \quad L_4(2^3)$

$\quad n = 8 \quad k = \dfrac{8-1}{2-1} = 7 \quad L_8(2^7)$

$\quad n = 16 \quad k = \dfrac{16-1}{2-1} = 15 \quad L_{16}(2^{15})$

$\quad n = 32 \quad k = \dfrac{32-1}{3-1} = 31 \quad L_{32}(2^{31})$

$l=3$ 水準系 $n:3\times3=9$ $3\times9=27$

$n=9$ $k=\dfrac{9-1}{3-1}=4$ $L_9(3^4)$ $n=27$ $k=\dfrac{27-1}{3-1}=13$ $L_{27}(3^{13})$

注 一般に,2 水準系では $L_8(2^7)$ と $L_{16}(2^{15})$,3 水準系では $L_9(3)^4$ と $L_{27}(3)^{13}$ が用いられる.

6.1.3 直交配列表について

簡単な $L_8(2^7)$ 型直交配列表を表 6.1 より作る(表 6.2).

表 6.2 $L_8(2^7)$ 型直交配列表

実験 No.	列番 1	2	3	4	5	6	7	実験の実施の水準の組合せ					データ x_i
1	1	1	1	1	1	1	1	A_1	B_1	C_1	D_1	E_1	x_1
2	1	1	1	2	2	2	2	A_1	B_1	C_2	D_2	E_2	x_2
3	1	2	2	1	1	2	2	A_1	B_2	C_1	D_1	E_2	x_3
4	1	2	2	2	2	1	1	A_1	B_2	C_2	D_2	E_1	x_4
5	2	1	2	1	2	1	2	A_2	B_1	C_1	D_2	E_2	x_5
6	2	1	2	2	1	2	1	A_2	B_1	C_2	D_1	E_1	x_6
7	2	2	1	1	2	2	1	A_2	B_2	C_1	D_2	E_1	x_7
8	2	2	1	2	1	1	2	A_2	B_2	C_2	D_1	E_2	x_8
基本表示の成分	a	a		a			a						
		b	b			b	b						
			c	c	c	c							
要因割付	A	B	$A\times B$	C	D	e	E						

表 6.2 の線点図,図 6.1(a) より

注 e は誤差項.

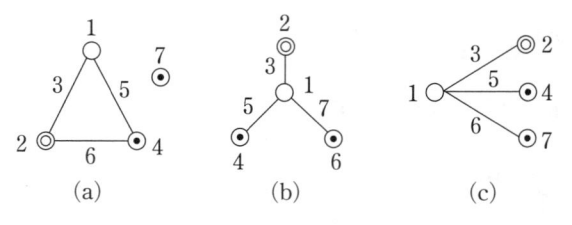

図 6.1 線点図

(a) (b) (c)

○ 1 群   ⊙ 3 群
◎ 2 群   ● 4 群

6.1 直交配列,直交配列表

2水準の直交配列表のルール

① A, B, C, D, E はここで取りあげられた要因にて5種類と $A \times B$ は A と B との交互作用,e は誤差項.

② 表中の1は1水準,2は2水準の意味.(2水準系)

③ 要因の割付けは基本的には,どの列に何を割り付けてもよい.基本表示の成分に従い,例えば,1列に a と2列に b の交互作用は3列 ab に割り付けられる.

すなわち,この例では,表6.2より1列に A,2列に B を割り付けると $A \times B$ は3列に割り付く.

④ 一般には成分 a, b, c は主要因(A, B, C)などを割り付けることが多い.

⑤ 表中の 1+1=2→1 1+2=3→2 2+1=3→2 2+2=4→1
すなわち,和が偶数のとき,1水準,奇数のとき,2水準とする.

⑥ $a \times a = a^2 = 1$ $a^2 = b^2 = c^2 = 1$ $a \times b = ab$ $a \times c = ac$
例えば,1列 (a) に A,7列 (abc) に E の交互作用 $A \times E = a \times abc$
$= a^2 bc = bc = 6$ 列に割り付く.

⑦ 表6.2で,例えば実験 No.5 の実験条件は A_2, B_1, C_1, D_2, E_2 にて実験を行ったら,x_5 というデータが得られたと解釈する.

⑧ 線点図は図6.1に示す.
例えば,線点図 (a) を用い,1列に A,2列に B を割り付けると交互作用 $A \times B$ は3列に割り付く.又は p.127 の表(a)[2列間の交互作用(2水準系)]と確認.(1列と2列の交互作用は3列)

6.2　2水準系 $L_8(2^7)$ 型の活用例

(1) 繰返しのない場合の例題

[例 6.1]

家電部品の金属部の寸法に，ときどきトラブルが起きるため，次の要因を取りあげ，$L_8(2^7)$ 型の直交配列表に割付け実験を行った．因子は次のとおりである．

　　A：焼入れ時間（A_1　現行，A_2　現行より 1.5% 長く）
　　B：中間工程の機械の種類（B_1　機，B_2　機）
　　C：中間工程の機械の送り量（C_1　現行，C_2　現行より 3% 増し）
　　D：中間工程の機械の速度（D_1　現行，D_2　現行より 10% 増し）

以上の 4 因子を選び，このときの交互作用 $A \times B$, $B \times C$ を検出したい．

主効果を直交配列表の 2 列：A, 3 列：B, 5 列：C, 7 列：D を割り付け，実験を行った．その結果は表 6.3 のとおりである．なお，値は大きいほうがよい．

交互作用を割り付け，分散分析を行い，最適実験条件の母平均を信頼度 95% にて推定せよ．

表 6.3 $L_8(2^7)$ 型（実験データは数値変換してある．）

実験順序	実験No.	列番							データ x_i	x_i^2
		1	2	3	4	5	6	7		
④	1	1	1	1	1	1	1	1	$x_1=2.1$	4.41
②	2	1	1	1	2	2	2	2	$x_2=2.4$	5.76
⑤	3	1	2	2	1	1	2	2	$x_3=2.8$	7.84
⑥	4	1	2	2	2	2	1	1	$x_4=2.3$	5.29
①	5	2	1	2	1	2	1	2	$x_5=2.1$	4.41
⑧	6	2	1	2	2	1	2	1	$x_6=1.7$	2.89
⑦	7	2	2	1	1	2	2	1	$x_7=2.7$	7.29
③	8	2	2	1	2	1	1	2	$x_8=2.9$	8.41
要因			A	B		C		D	19.0	46.30
基本表示の成分		a	b	a b	c	a c	b c	a b c	Σx_i	Σx_i^2

注　データを変換してあるため，この場合は無単位として取り扱う．

解析

手順1 交互作用 $A \times B$, $B \times C$ と誤差 e の割付け.

基本表示を用いて割り付ける. 表6.1の成分表示より

$A \times B \to 2列 \times 3列 \to b \times ab = ab^2 = a \to 1列$

$B \times C \to 3列 \times 5列 \to ab \times ac = a^2bc = bc \to 6列$

誤差 $e \to 4列$

割付け表

列番	1	2	3	4	5	6	7
要因	$A \times B$	A	B	e	C	$B \times C$	D

表(a) 2列間の交互作用（2水準系）

列No.\列No.	1	2	3	4	5	6	7	8	9	10	11	12	13	14	15
1	*	3	2	5	4	7	6	9	8	11	10	13	12	15	14
2	3	*	1	6	7	4	5	10	11	8	9	14	15	12	13
3	2	1	*	7	6	5	4	11	10	9	8	15	14	13	12
4	5	6	7	*	1	2	3	12	13	14	15	8	9	10	11
5	4	7	6	1	*	3	2	13	12	15	14	9	8	11	10
6	7	4	5	2	3	*	1	14	15	12	13	10	11	8	9
7	6	5	4	3	2	1	*	15	14	13	12	11	10	9	8
8	9	10	11	12	13	14	15	*	1	2	3	4	5	6	7
9	8	11	10	13	12	15	14	1	*	3	2	5	4	7	6
10	11	8	9	14	15	12	13	2	3	*	1	6	7	4	5
11	10	9	8	15	14	13	12	3	2	1	*	7	6	5	4
12	13	14	15	8	9	10	11	4	5	6	7	*	1	2	3
13	12	15	14	9	8	11	10	5	4	7	6	1	*	3	2
14	15	12	13	10	11	8	9	6	7	4	5	2	3	*	1
15	14	13	12	11	10	9	8	7	6	5	4	3	2	1	*

交互作用を表(a)を用いて割り付ける.

例えば, $A \times B$ の A を横の2列, B を縦の3列に取ると, その交点1列が $A \times B$ となる.

手順 2 表 6.4 の補助表を作り，各平方和 S を求める．

手順 3 検算

$$S_T = \sum x_i^2 - \frac{(\sum x_i)^2}{n} = 46.30 - \frac{(19.0)^2}{8} = 1.175$$

$$S_T = S_A + S_B + S_C + S_D + S_{A \times B} + S_{B \times C} + S_e = 1.175$$

OK

表 6.4 補 助 表

要因	$A \times B$		A		B		e		C		$B \times C$		D	
列番	1		2		3		4		5		6		7	
水準	1	2	1	2	1	2	1	2	1	2	1	2	1	2
数値	x_1=2.1	x_5=2.1	2.1	2.8	2.1	2.8	2.1	2.4	2.1	2.4	2.1	2.4	2.1	2.4
	x_2=2.4	x_6=1.7	2.4	2.3	2.4	2.3	2.8	2.3	2.8	2.3	2.3	2.8	2.3	2.8
	x_3=2.8	x_7=2.7	2.1	2.7	2.7	2.1	1.7	2.1	1.7	2.1	2.1	1.7	1.7	2.1
	x_4=2.3	x_8=2.9	1.7	2.9	2.9	1.7	2.7	2.9	2.9	2.7	2.9	2.7	2.7	2.9
① 計	Σ_1=9.6	Σ_2=9.4	8.3	<u>10.7</u>	<u>10.1</u>	8.9	9.7	9.3	9.5	9.5	9.4	9.6	8.8	<u>10.2</u>
② (差)	$\Sigma_1-\Sigma_2$=0.2		-2.4		1.2		0.4		0.0		-0.2		-1.4	
③ 和	$\Sigma_1+\Sigma_2$=19.0		19.0		19.0		19.0		19.0		19.0		19.0	
④ (差)^2	0.04		5.76		1.44		0.16		0.0		0.04		1.96	
⑤ S=④/8	0.005		0.72		0.18		0.02		0.0		0.005		0.245	
⑥ 平方和	$S_{A \times B}$		S_A		S_B		S_e		S_C		$S_{B \times C}$		S_D	

注 2 列以降は表 6.3 に従い同様に行う．

手順 4 データの構造

$$x_{ijkl} = \mu + \alpha_i + \beta_j + \gamma_k + \delta_l + (\alpha\beta)_{ij} + (\beta\gamma)_{jk} + \varepsilon_{ijkl} \tag{6.1}$$

手順 5 線点図

交互作用に関係のない要因 (D) 及び誤差項 e は外に出してもよい．

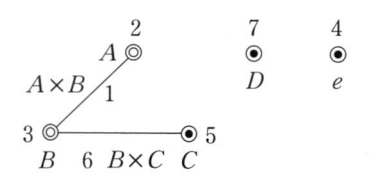

```
            2        7    4
         A ○        ⦿    ⦿
  A×B   1          D     e
      3 ○─────⦿ 5
        B  6 B×C  C
```

図 6.2

6.2　2水準系 $L_8(2^7)$ 型の活用例

手順6　各自由度 ϕ を求める．

自由度 ϕ は各列1である．∵ 各要因が2水準のため $\phi_i = (2-1) = 1$
$\phi_A = \phi_B = \phi_C = \phi_D = (2-1) = 1$
$\phi_{A \times B} = \phi_A \times \phi_B = 1$　　$\phi_{B \times C} = \phi_B \times \phi_C = 1$
∴　$\phi_T = \phi_A + \phi_B + \phi_C + \phi_D + \phi_{A \times B} + \phi_{B \times C} + \phi_e = 7$ ─┐
　　又は，$\phi_T = n - 1 = 8 - 1 = 7$　─────────────────┘ OK

手順7　仮説を立て，分散分析表を作る．

$H_0 : \sigma_A^2 \cdots\cdots \sigma_{B \times C}^2 = 0$　　$H_1 : \sigma_A^2 \cdots\cdots \sigma_{B \times C}^2 > 0$

表6.5　分散分析表(1)

要因	S	ϕ	V	F_0
A	0.720	1	0.720	36.00
B	0.180	1	0.180	9.00
C	0.000	1	0.000	0
D	0.245	1	0.245	12.25
$A \times B$	0.005	1	0.005	—
$B \times C$	0.005	1	0.005	—
e	0.020	1	0.020	
T	1.175	7		

表6.5の各偏差平方和 S より OS線点図(1)　直交表 $L_8(2^7)$ 型

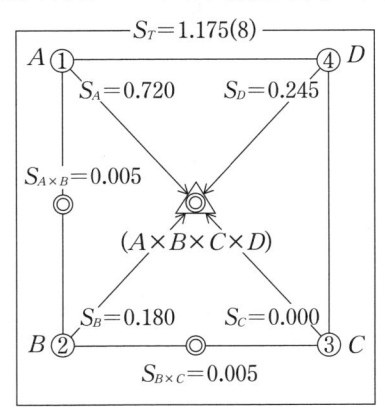

```
          S_T=1.175(8)
    A ①─────────────④ D
       S_A=0.720   S_D=0.245
       S_{A×B}=0.005
              ◎
            (A×B×C×D)
       S_B=0.180   S_C=0.000
    B ②─────────────③ C
          S_{B×C}=0.005
```

表 6.5 の要因 C, $A \times B$, $B \times C$ は e より小さいため e にプールし, e' として表 6.6 を作る.

表 6.6 分散分析表 (2)

要因	S	ϕ	V	F_0	$E(V)$
A	0.720	1	0.720 ←	96.0**	$\sigma_{e'}^2 + bd\sigma_A^2$
B	0.180	1	0.180 ←	24.0**	$\sigma_{e'}^2 + ad\sigma_B^2$
D	0.245	1	0.245 ←	32.67**	$\sigma_{e'}^2 + ab\sigma_D^2$
e'	0.030	$4 = \phi_{e'}$	$0.0075 = V_{e'}$		
T	1.175	7			

$F_4^1(0.05) = 7.71$ $F_4^1(0.01) = 21.2$

分散分析表 (2) より, A, B, D いずれも有意水準 1% にて有意.

[参考] 分散分析の図解説 (概要)

直交配列表 $L_8(2^7)$ 表 6.6(2) より

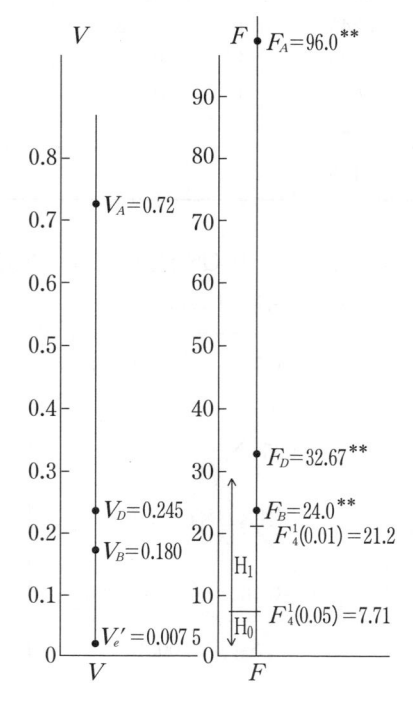

手順 8 分散分析表とグラフとの検討

分散分析表(1), (2) より, 主効果 A, B, D は効果があり, 交互作用効果 $A \times B$, $B \times C$ は小さく, C_1 と C_2 の差は 0 であり, ともに効果なし. 図 6.3 も同様である.

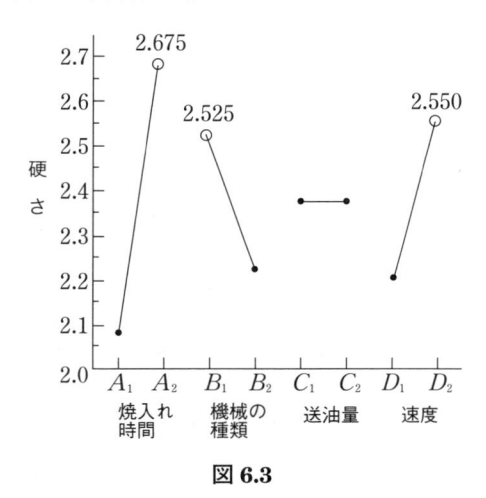

図 6.3

手順 9 母平均の推定

① 点推定

$$A \begin{cases} \hat{\mu}_{A1} = \dfrac{8.3}{(8/2)} = 2.075 \\ \hat{\mu}_{A2} = \dfrac{10.7}{(8/2)} = \underline{2.675} \end{cases} \qquad B \begin{cases} \hat{\mu}_{B1} = \dfrac{10.1}{(8/2)} = \underline{2.525} \\ \hat{\mu}_{B2} = \dfrac{8.9}{(8/2)} = 2.225 \end{cases}$$

$$C \begin{cases} \hat{\mu}_{C1} = \dfrac{9.5}{(8/2)} = 2.375 \\ \hat{\mu}_{C2} = \dfrac{9.5}{(8/2)} = 2.375 \end{cases} \qquad D \begin{cases} \hat{\mu}_{D1} = \dfrac{8.8}{(8/2)} = 2.200 \\ \hat{\mu}_{D2} = \dfrac{10.2}{(8/2)} = \underline{2.550} \end{cases}$$

② 区間推定

ただし, $t(\phi_{e'}, 0.05)$ にて $\phi_{e'} = 4$, $n = 4$ の $t(4, 0.05) = 2.776$

$$\pm t(\phi_{e'}, 0.05) \sqrt{\dfrac{V_{e'}}{(n/2)}} = \pm t(4, 0.05) \sqrt{\dfrac{0.0075}{4}}$$

$$= \pm 2.776\sqrt{\frac{0.0075}{4}} = \pm 0.12$$

手順 10 最適実験条件の推定(値は大きいほうがよい)

① 最適実験条件:点推定

すなわち,A_2, B_1, D_2 の組合せがよい.

② 点推定:$\hat{\mu}(A_2, B_1, D_2) = \widehat{\mu + \alpha_2 + \beta_1 + \delta_2}$
$$= \widehat{\mu + \alpha_2} + \widehat{\mu + \beta_1} + \widehat{\mu + \delta_2} - 2\hat{\mu}$$
$$= \overline{x}_{A2} + \overline{x}_{B1} + \overline{x}_{D2} - 2\overline{x}$$
$$= \frac{10.7}{4} + \frac{10.1}{4} + \frac{10.2}{4} - 2 \times \frac{19.0}{8} = 3.0$$

∴ $\hat{\mu}(A_2, B_1, D_2) = 3.0$

③ 区間推定:$\dfrac{1}{n_{e'}} = \dfrac{1}{(n/2)} + \dfrac{1}{(n/2)} + \dfrac{1}{(n/2)} - 2\dfrac{1}{n} = \dfrac{3}{4} - \dfrac{2}{8} = \dfrac{1}{2}$

∴ $\hat{\mu}(A_2, B_1, D_2) \pm t(\phi_{e'}, 0.05)\sqrt{\dfrac{V_{e'}}{n_{e'}}} = 3.0 \pm 2.776\sqrt{\dfrac{0.0075}{2}}$
$$= 3.0 \pm 0.17$$

∴ $\underline{2.83 \leq \mu(A_2, B_1, D_2) \leq 3.17}$

6.3 2水準系 $L_{16}(2^{15})$ 型直交配列表について

(1) $L_{16}(2^{15})$ 型直交配列表

$L_{16}(2^{15})$ 型は $L_8(2^7)$ 型直交配列表の拡張と考えてよい.

この場合は,実験回数 $n=16$ 回,水準数 $l=2$,要因数 $k=15$ 個である.

例えば,16回の実験で,主要因の数を8~10個,交互作用を3~4組ぐらい,残りは,誤差項 e と考えた場合に,このパターンを用いると最もよい.

また,一部4水準(多水準法又は擬水準法)を活用し,交互作用なども検出できる.

したがって,直交配列表を用いる実験計画で,2水準系では $L_8(2^7)$ 型と

6.3 2水準系 $L_{16}(2^{15})$ 型直交配列表について

$L_{16}(2^{15})$ 型が手軽でよく用いられている．L_8 の直交配列表は表 6.1 で，L_{16} の直交配列表は表 6.7 で，またその線点図は図 6.4 で示す．

このほかには $L_4(2^3)$ 型，$L_{32}(2^{31})$ 型などがあるが，"帯に短し，たすきに長し" で特殊な場合に用いる程度であるので，ここでは省略する．

2水準の直交配列表のルールは $L_8(2^7)$ 型で述べた．（p.125 参照）

例えば，表 6.7 の直交配列表で，1列：A，2列：B，4列：C，8列：D，12列：E，15列：F を割り付けたとき，実験 No.10 の実験作業条件は A_2, B_1, C_1, D_2, E_2, F_1 で行い，その結果は x_{10} が得られたと解釈する．

したがって，主要因の割付けを行い，実験を行って，結果が得られる．

くどいようであるが，割付けをしっかり把握し，先に行わないと実験ができない．

表 6.7 $L_{16}(2^{15})$ 型直交配列表 （直交配列表はこれ以外の型もある．）

列番 No.	1	2	3	4	5	6	7	8	9	10	11	12	13	14	15
1	1	1	1	1	1	1	1	1	1	1	1	1	1	1	1
2	1	1	1	1	1	1	1	2	2	2	2	2	2	2	2
3	1	1	1	2	2	2	2	1	1	1	1	2	2	2	2
4	1	1	1	2	2	2	2	2	2	2	2	1	1	1	1
5	1	2	2	1	1	2	2	1	1	2	2	1	1	2	2
6	1	2	2	1	1	2	2	2	2	1	1	2	2	1	1
7	1	2	2	2	2	1	1	1	1	2	2	2	2	1	1
8	1	2	2	2	2	1	1	2	2	1	1	1	1	2	2
9	2	1	2	1	2	1	2	1	2	1	2	1	2	1	2
10	2	1	2	1	2	1	2	2	1	2	1	2	1	2	1
11	2	1	2	2	1	2	1	1	2	1	2	2	1	2	1
12	2	1	2	2	1	2	1	2	1	2	1	1	2	1	2
13	2	2	1	1	2	2	1	1	2	2	1	1	2	2	1
14	2	2	1	1	2	2	1	2	1	1	2	2	1	1	2
15	2	2	1	2	1	1	2	1	2	2	1	2	1	1	2
16	2	2	1	2	1	1	2	2	1	1	2	1	2	2	1
成分	a	a b	b	a c	c	a b c	b c	a d	d	a b d	b d	a c d	c d	a b c d	b c d
	1群	2群		3群				4群							

L_8 の線点図

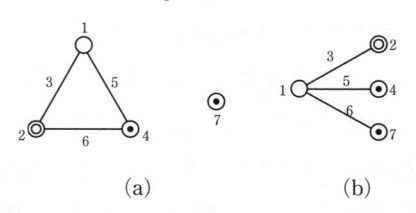

(a)   (b)

L_{16} の線点図

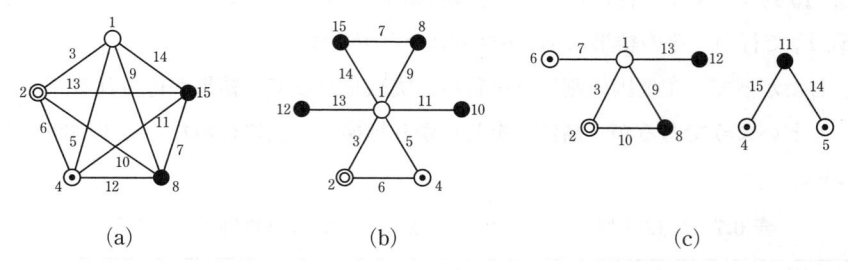

(a)   (b)   (c)

図 6.4　$L_8(2^7)$ 型と $L_{16}(2^{15})$ 型の線点図の一例

(2) 割付けについて

割付けのルールは基本表示の成分に従う．

$$a \times a = a^2 \qquad a^2 = b^2 = c^2 = d^2 = 1 \qquad a \times b = ab = ba$$
$$a \times c = ac \qquad a^3 = aa^2 = a$$

となる．

例えば，表 6.7 にて 14 列：A，15 列：B を割り付けたとき $A \times B$ は 14 列 A：bcd，15 列 B：$abcd$，$\therefore A \times B = bcd \times abcd = ab^2c^2d^2 = a \to 1$ 列，$A \times B = 1$ 列に割り付く．

また，自由度 $\phi_i = 1$，したがって，

$$\phi_{A \times B} = \phi_A \times \phi_B = (n-1) \times (n-1) = 1$$
$$\phi_T = \Sigma \phi_i = 15 \quad \to \quad \phi_T = n - 1 = 16 - 1 = 15$$

となる．

割付けのテクニックとして交互作用のある因子から先に割り付けるとよい．

6.3 2水準系 $L_{16}(2^{15})$ 型直交配列表について

(3) 割付けの練習 ［練習問題 (a), (b), (c)］

(a) 表 6.7 を用い主要因を表 (a) のように割り付けたとき，交互作用 $A \times B$，$A \times D$，$A \times F$，$A \times G$，$B \times D$ を空白に割り付け，併せて線点図も作る．

表 (a)

列番	1	2	3	4	5	6	7	8	9	10	11	12	13	14	15
要因	A	B		D				C		F		E			G

解 答

割付け

$A \times B = 1\text{列} \times 2\text{列} = a \times b = ab \to 3 \text{列}$

$A \times D = 1\text{列} \times 4\text{列} = a \times c = ac \to 5 \text{列}$

$A \times F = 1\text{列} \times 10\text{列} = a \times bd = abd \to 11 \text{列}$

$A \times G = 1\text{列} \times 15\text{列} = a \times abcd = a^2 bcd = bcd \to 14 \text{列}$

$B \times D = 2\text{列} \times 4\text{列} = b \times c = bc \to 6 \text{列}$

空白（7, 9, 13 列）は誤差項 e

表 (a)′

列番	1	2	3	4	5	6	7	8	9	10	11	12	13	14	15
要因	A	B	A×B	D	A×D	B×D	e	C	e	F	A×F	E	e	A×G	G

線点図

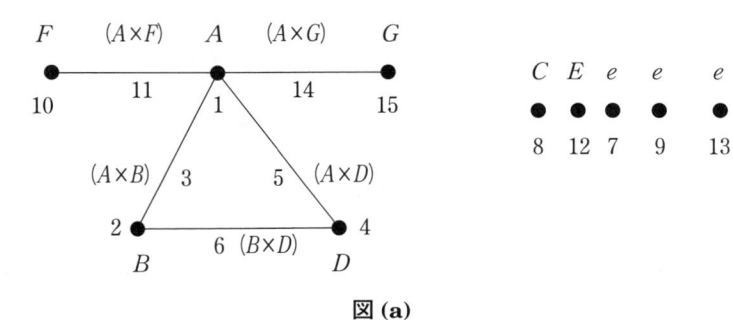

```
   F    (A×F)   A    (A×G)    G
   ●─────────────●─────────────●
  10     11      1     14     15
                /│\
         (A×B)/ │ \(A×D)
             / 3│5 \
            /   │   \
           ●────┼────●
           2  6(B×D) 4
           B           D
```

$C \; E \; e \; e \; e$
●　●　●　●　●
8　12　7　9　13

図 (a)

(b) 主要因 $A \sim J$ の 10 個,交互作用 $A \times B$, $A \times C$, $B \times C$, $B \times E$, $C \times E$ の 5 組を線点図 (1)(図 6.4 参照)に従い,表(b)の空白に交互作用を割り付けよ. 併せて線点図も完成させよ.

表 (b)

列番	1	2	3	4	5	6	7	8	9	10	11	12	13	14	15
要因	A	B		C			F	D	G	H		I		J	E

解　答

割付け

$A \times B = 1\,\text{列} \times 2\,\text{列} = a \times b = ab \rightarrow 3\,\text{列}$

$A \times C = 1\,\text{列} \times 4\,\text{列} = a \times c = ac \rightarrow 5\,\text{列}$

$B \times C = 2\,\text{列} \times 4\,\text{列} = b \times c = bc \rightarrow 6\,\text{列}$

$B \times E = 2\,\text{列} \times 15\,\text{列} = b \times abcd = ab^2cd = acd \rightarrow 13\,\text{列}$

$C \times E = 4\,\text{列} \times 15\,\text{列} = c \times abcd = abc^2d = abd \rightarrow 11\,\text{列}$

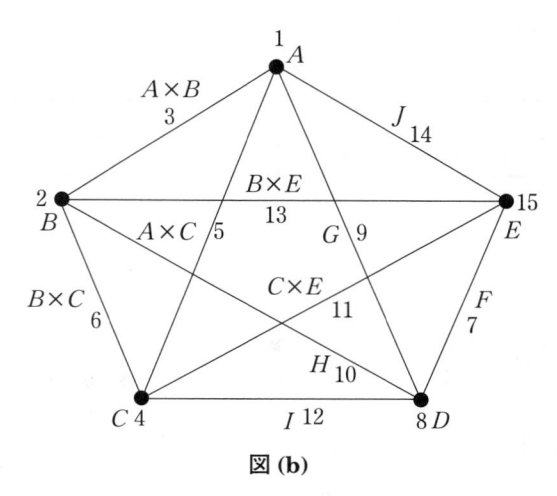

図 (b)

表 (b)′

列番	1	2	3	4	5	6	7	8	9	10	11	12	13	14	15
要因	A	B	$A \times B$	C	$A \times C$	$B \times C$	F	D	G	H	$C \times E$	I	$B \times E$	J	E

6.3　2水準系 $L_{16}(2^{15})$ 型直交配列表について

注　この例では誤差項がない．分散分析表に必要な誤差項 e の作り方について次のように考える．2水準系の直交配列表の各列の自由度 $\phi=1$ である．
　　したがって，補助表を作り平方和 S_i を求める．
　　この場合，$\phi=1$ であるから，分散 $V_i=S_i/\phi_i$ にて，S_i そのものが V_i 置き換えられる．そこで，S_e は15項目のうち，S_i の値の小さいほうから2〜4個ぐらいを加えて誤差項として取り扱うとよい．$[S_e=\Sigma(S_{ei})]$
　　同様に，自由度 ϕ_i についてもいえる．
　　交互作用はなるべく誤差項に入れておくと取り扱いやすい．

(c)　A が4水準，ほかは2水準について（参考）

表6.7を用い要因を表(c)のように割り付け，交互作用 $A\times B$，$B\times C$，$B\times D$ を割り付けたい．ただし，A は4水準とする．空白に割り付け，併せて線点図も作る．[A の4水準は $\phi=3$ であるから3本の列（A_1, A_2, A_3）が必要となる．]

表 (c)

列番	1	2	3	4	5	6	7	8	9	10	11	12	13	14	15
要因	B	A_1		A_2		A_3				C		D		E	

解　答

割付け

$A_1\times B = 1\text{列}\times 2\text{列} = a\times b = ab = 3\text{列}$

$A_2\times B = 1\text{列}\times 4\text{列} = a\times c = ac = 5\text{列}$

$A_3\times B = 1\text{列}\times 6\text{列} = a\times bc = abc = 7\text{列}$

$B\times C = 1\text{列}\times 10\text{列} = a\times bd = abd = 11\text{列}$

$B\times D = 1\text{列}\times 12\text{列} = a\times cd = acd = 13\text{列}$

空白（8, 9, 15列）は誤差項 e

表 (c)′

列番	1	2	3	4	5	6	7	8	9	10	11	12	13	14	15
要因	B	A_1	$A_1\times B$	A_2	$A_2\times B$	A_3	$A_3\times B$	e	e	C	$B\times C$	D	$B\times D$	E	e

2列間の交互作用の割付けを計算し,表(a)(p.127)にて交互作用割付けの確認を行うとよい.

線点図

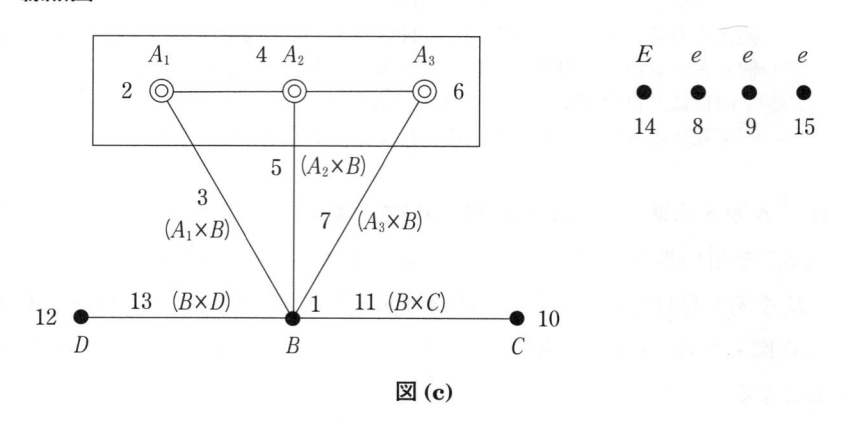

```
        A₁    4  A₂         A₃          E    e    e    e
     2 ◎─────◎─────────────◎ 6          ●    ●    ●    ●
                                         14   8    9    15
             5 │(A₂×B)
          3  │    
       (A₁×B)│  7 (A₃×B)
             │ /
   12 ●──13(B×D)──●──11(B×C)──● 10
      D         B            C
```

図 (c)

6.4 2水準系 $L_{16}(2^{15})$ 型の活用例

[例 6.2]

粉末冶金による磁性材料(αNiO-βZnO-γFe$_2$O$_3$)フェライトコアの製造工程にて,その磁性材(フェライト)の透磁率に影響すると思われる因子として過去の経験から特性要因図を作り要因の洗い出しを行って,次のような因子を取り上げた.

ただし,すべて2水準とする.

A:原料配合比 ─┬─ A_1, 10NiO:40ZnO:50Fe$_2$O$_3$
　　（モル％）　└─ A_2, 40NiO:10ZnO:50Fe$_2$O$_3$

B:原料メーカー ─┬─ B_1, B_1社
　　　　　　　　　└─ B_2, B_2社

C:添加剤量 ─┬─ C_1, 1.0 g
　　　　　　　└─ C_2, 2.0 g

6.4　2水準系 $L_{16}(2^{15})$ 型の活用例

D：成型加圧 ─┬─ D_1, 1 500 kgf/cm^2
　　　　　　　└─ D_2, 2 500 kgf/cm^2

E：作業者（経験年数）─┬─ E_1, 2 年
　　　　　　　　　　　└─ E_2, 8 年

F：高温焼成温度 ─┬─ F_1, 1 000℃×2 h
　　　　　　　　　└─ F_2, 1 200℃×2 h

これを $L_{16}(2^{15})$ 型の直交配列表，表 6.7 に基づいて割り付け，実験を行った．交互作用 $A×B$, $A×C$, $A×D$, $A×F$, $B×C$, $D×E$ などを検出したい．次の問に答えよ．

① 表 6.8 の空白を埋める．
② 線点図も作る．
③ 分散分析を行う．
④ 最適実験条件を求め，その母平均を推定する．

表 6.9 はデータである．ただし，値は大きいほうがよい．

表 6.8　割付け表

列番	1	2	3	4	5	6	7	8	9	10	11	12	13	14	15
要因				E	A	D		F			B	C			

表 6.9　データ x_i

単位　省略

実験No.	1	2	3	4	5	6	7	8	9	10	11	12	13	14	15	16
x_i	2.2	3.0	1.2	3.5	1.8	2.3	0.3	2.5	2.3	1.1	0.9	1.9	0.5	1.7	2.8	4.0

解析

手順 1　まず交互作用の割付けを行い，表 6.8 に割り付ける．また線点図も作る．

割付け

$A×B = 5$ 列 $× 11$ 列 $= ac × abd = a^2bcd = bcd \to 14$ 列

$A×C = 5$ 列 $× 12$ 列 $= ac × cd = ac^2d = ad \to 9$ 列

第 6 章 実験計画法——直交配列表を使用

$A \times D = 5\text{列} \times 6\text{列} = ac \times bc = abc^2 = ab \to 3\text{列}$

$A \times F = 5\text{列} \times 8\text{列} = ac \times d = acd \to 13\text{列}$

$B \times C = 11\text{列} \times 12\text{列} = abd \times cd = abcd^2 = abc \to 7\text{列}$

$D \times E = 6\text{列} \times 4\text{列} = bc \times c = bc^2 = b \to 2\text{列}$

2列間の交互作用の割付けを計算し，表 (a)（p.127）にて交互作用割付けの確認を行うとよい．

表 6.10

列番	1	2	3	4	5	6	7	8	9	10	11	12	13	14	15
要因	e	$D \times E$	$A \times D$	E	A	D	$B \times C$	F	$A \times C$	e	B	C	$A \times F$	$A \times B$	e

線点図

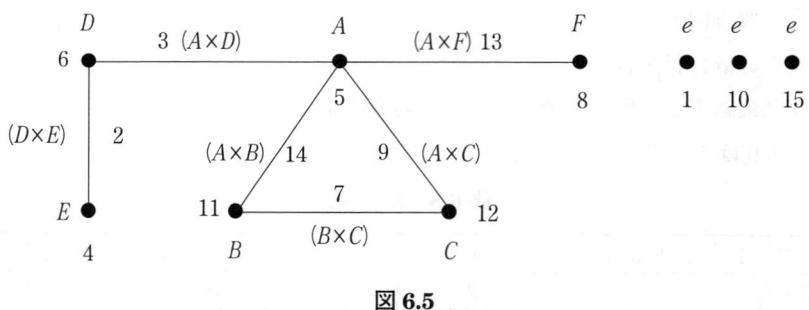

図 6.5

手順 2 $L_{16}(2^{15})$ 型直交配列表 6.7 の形式で書くと，表 6.11 のようになり，x_i と x_i^2 を求める．

6.4 2水準系 $L_{16}(2^{15})$ 型の活用例

表 6.11 $L_{16}(2^{15})$ 型直交配列表

列番 No.	1	2	3	4	5	6	7	8	9	10	11	12	13	14	15	データ x_i	x_i^2
1	1	1	1	1	1	1	1	1	1	1	1	1	1	1	1	$x_1=2.2$	4.84
2	1	1	1	1	1	1	1	2	2	2	2	2	2	2	2	$x_2=3.0$	9.00
3	1	1	1	2	2	2	2	1	1	1	1	2	2	2	2	$x_3=1.2$	1.44
4	1	1	1	2	2	2	2	2	2	2	2	1	1	1	1	$x_4=3.5$	12.25
5	1	2	2	1	1	2	2	1	1	2	2	1	1	2	2	$x_5=1.8$	3.24
6	1	2	2	1	1	2	2	2	2	1	1	2	2	1	1	$x_6=2.3$	5.29
7	1	2	2	2	2	1	1	1	1	2	2	2	2	1	1	$x_7=0.3$	0.09
8	1	2	2	2	2	1	1	2	2	1	1	1	1	2	2	$x_8=2.5$	6.25
9	2	1	2	1	2	1	2	1	2	1	2	1	2	1	2	$x_9=2.3$	5.29
10	2	1	2	1	2	1	2	2	1	2	1	2	1	2	1	$x_{10}=1.1$	1.21
11	2	1	2	2	1	2	1	1	2	1	2	2	1	2	1	$x_{11}=0.9$	0.81
12	2	1	2	2	1	2	1	2	1	2	1	1	2	1	2	$x_{12}=1.9$	3.61
13	2	2	1	1	2	2	1	1	2	2	1	1	2	2	1	$x_{13}=0.5$	0.25
14	2	2	1	1	2	2	1	2	1	1	2	2	1	1	2	$x_{14}=1.7$	2.89
15	2	2	1	2	1	1	2	1	2	2	1	2	1	1	2	$x_{15}=2.8$	7.84
16	2	2	1	2	1	1	2	2	1	1	2	1	2	2	1	$x_{16}=4.0$	16.00
成分	a	a b	a b	a c	a c	a b c	a b c d	a d	a d	a b d	a b d	a c d	a c d	a b c d	a b c d	32.0	80.30
因子の割付け	e	$\widehat{D \times E}$	$\widehat{A \times D}$	E	A	D	$\widehat{B \times C}$	$\widehat{A \times C}$	F	e	B	C	$\widehat{A \times F}$	$\widehat{A \times B}$	e	Σx_i	Σx_i^2

手順 3 表 6.11 をもとに補助表（表 6.12）を作り，各平方和 S を求める．

表6.12 補 助 表

列	1	2	3	4	5	6	7	8
要因	e	$(D \times E)$	$(A \times D)$	E	A	D	$(B \times C)$	F
水準	1　2	1　2	1　2	1　2	1　2	1　2	1　2	1　2
数値	2.2　2.3 3.0　1.1 1.2　0.9 3.5　1.9 1.8　0.5 2.3　1.7 0.3　2.8 2.5　4.0	2.2　1.8 3.0　2.3 1.2　0.3 3.5　2.5 2.3　0.5 1.1　1.7 0.9　2.8 1.9　4.0	2.2　1.8 3.0　2.3 1.2　0.3 3.5　2.5 0.5　2.3 1.7　1.1 2.8　0.9 4.0　1.9	2.2　1.2 3.0　3.5 1.8　0.3 2.3　2.5 2.3　0.9 1.1　1.9 0.5　2.8 1.7　4.0	2.2　1.2 3.0　3.5 1.8　0.3 2.3　2.5 0.9　2.3 1.9　1.1 2.8　0.5 4.0　1.7	2.2　1.2 3.0　3.5 0.3　1.8 2.5　2.3 2.3　0.9 1.1　1.9 2.8　0.5 4.0　1.7	2.2　1.2 3.0　3.5 0.3　1.8 2.5　2.3 0.9　2.3 1.9　1.1 0.5　2.8 1.7　4.0	2.2　3.0 1.2　3.5 1.8　2.3 0.3　2.5 2.3　1.1 0.9　1.9 2.8　1.7 2.8　4.0
計 (合計)	16.8　15.2 (32)	16.1　15.9 (32)	18.9　13.1 (32)	14.9　17.1 (32)	18.9　13.1 (32)	18.2　13.8 (32)	13.0　19.0 (32)	12.0　20.0 (32)
(差)	1.6	0.2	5.8	-2.2	5.8	4.4	-6.0	-8.0
(差)²/16	0.160 0	0.002 5	2.102 5	0.302 5	2.102 5	1.210 0	2.250 0	4.000 0
平方和	$S_{e_{(1)}}$	$S_{D \times E}$	$S_{A \times D}$	S_E	S_A	S_D	$S_{B \times C}$	S_F

列	9	10	11	12	13	14	15
要因	$(A \times C)$	e	B	C	$(A \times F)$	$(A \times B)$	e
水準	1　2	1　2	1　2	1　2	1　2	1　2	1　2
数値	2.2　3.0 1.2　3.5 1.8　2.3 0.3　2.5 1.1　2.3 1.9　0.9 1.7　0.5 4.0　2.8	2.2　3.0 1.2　3.5 2.3　1.8 2.5　0.3 2.3　1.1 0.9　1.9 1.7　0.5 4.0　2.8	2.2　3.0 1.2　3.5 2.3　1.8 2.5　0.3 1.1　2.3 1.9　0.9 0.5　1.7 2.8　4.0	2.2　3.0 3.5　1.2 1.8　2.3 2.5　0.3 2.3　1.1 1.9　0.9 0.5　1.7 4.0　2.8	2.2　3.0 3.5　1.2 1.8　2.3 2.5　0.3 1.1　2.3 0.9　1.9 1.7　0.5 2.8　4.0	2.2　3.0 3.5　1.2 2.3　1.8 0.3　2.5 2.3　1.1 1.9　0.9 1.7　0.5 2.8　4.0	2.2　3.0 3.5　1.2 2.3　1.8 0.3　2.5 1.1　2.3 0.9　1.9 0.5　1.7 4.0　2.8
計 (合計)	14.2　17.8 (32)	17.1　14.9 (32)	14.5　17.5 (32)	18.7　13.3 (32)	16.5　15.5 (32)	17.0　15.0 (32)	14.8　17.2 (32)
(差)	-3.6	2.2	-3.0	5.4	1.0	2.0	-2.4
(差)²/16	0.810 0	0.302 5	0.562 5	1.822 5	0.062 5	0.25	0.360 0
平方和	$S_{A \times C}$	$S_{e_{(10)}}$	S_B	S_C	$S_{A \times F}$	$S_{A \times B}$	$S_{e_{(15)}}$

手順 4 総平方和 S_T と総自由度 ϕ_T の計算の確認（検算）

表 6.11 より

$$S_T = \Sigma x_i^2 - [(\Sigma x_i)^2/n] = 80.30 - [(32.0)^2/16] = 16.300 \quad\text{OK}$$

$$\phi_T = n - 1 = 16 - 1 = 15$$

表 6.12 より

$$S_T = S_A + S_B + S_C + S_D + S_E + S_F + S_{A\times B} + S_{A\times C} + S_{A\times D}$$
$$+ S_{A\times F} + S_{B\times C} + S_{D\times E} + S_e = 16.300$$

ただし, $S_e = S_{e_1} + S_{e_{10}} + S_{e_{15}} = 0.1600 + 0.3025 + 0.3600$
$= 0.8225$

$\phi_e = 1 + 1 + 1 = 3$

ただし, $\phi_i = 1$ ∴ $\Sigma \phi_i = \phi_T = 15$ ─── OK

手順 5 仮説をたて，分散分析表を作る．

$H_0 : \sigma_A^2 \cdots\cdots \sigma_{E\times D}^2 = 0$ $H_1 : \sigma_A^2 \cdots\cdots \sigma_{E\times D}^2 > 0$

（誤差項 e に対して，検定対象になるものは，すべて仮説 H_0 及び H_1 をたて，分散分析表を作るのが正論である．）

表 6.12 の補助表より

表 6.13 分散分析表 (1)

要因	S	ϕ	V	F_0	$F(0.05)$	$F(0.01)$	$E(ms)$
A	2.1025	1	2.1025	7.67	10.1	34.1	$\sigma_e^2 + 8\sigma_A^2$
B	0.5625	1	0.5625	2.05			$\sigma_e^2 + 8\sigma_B^2$
C	1.8225	1	1.8225	6.65			$\sigma_e^2 + 8\sigma_C^2$
D	1.2100	1	1.2100	4.41			$\sigma_e^2 + 8\sigma_D^2$
E	0.3025	1	0.3025	1.10			$\sigma_e^2 + 8\sigma_E^2$
F	4.0000	1	4.0000	14.59*>			$\sigma_e^2 + 8\sigma_F^2$
$A\times B$	0.2500	1	0.2500	0.91			$\sigma_e^2 + 4\sigma_{A\times B}^2$
$A\times C$	0.8100	1	0.8100	2.95			$\sigma_e^2 + 4\sigma_{A\times C}^2$
$A\times D$	2.1025	1	2.1025	7.67			$\sigma_e^2 + 4\sigma_{A\times D}^2$
$A\times F$	0.0625	1	0.0625	0.23			$\sigma_e^2 + 4\sigma_{A\times F}^2$
$B\times C$	2.2500	1	2.2500	8.21			$\sigma_e^2 + 4\sigma_{B\times C}^2$
$D\times E$	0.0025	1	0.0025	0.01			$\sigma_e^2 + 4\sigma_{D\times E}^2$
e	0.8225	3	0.2742				σ_e^2
T	16.3000	15					

表6.13の各偏差平方和 S より OS 線点図(2)　直交表 $L_{16}(2^{15})$ 型

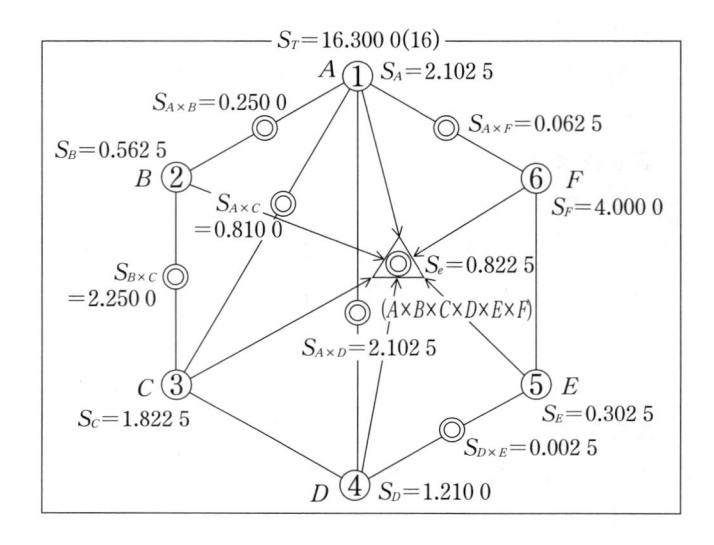

```
―――― S_T = 16.3000(16) ――――
                A ① S_A = 2.1025
   S_{A×B} = 0.2500 ◎         ◎ S_{A×F} = 0.0625
S_B = 0.5625
      B ②                          ⑥ F
         S_{A×C} ◎                S_F = 4.0000
         = 0.8100
                        △ S_e = 0.8225
   S_{B×C} ◎
   = 2.2500         ◎ (A×B×C×D×E×F)
              S_{A×D} = 2.1025
         C ③                      ⑤ E
   S_C = 1.8225                 S_E = 0.3025
                        ◎ S_{D×E} = 0.0025
                D ④ S_D = 1.2100
```

$A \times B$, $A \times F$, $D \times E$ の分散 V は，誤差 e より小さいため，e にプールして e' として表 6.14 を作る．

注　$E(ms)$：平均平方の期待値（ms : *mean square*）
　　$E(V) \to E(ms)$ と書くこともある．

6.4 2水準系 $L_{16}(2^{15})$ 型の活用例

表 6.14 分散分析表 (2)

要因	S	ϕ	V	F_0	$F(0.05)$	$F(0.01)$	$E(ms)$
A	2.102 5	1	2.102 5	11.09*>	5.99	13.7	$\sigma_{e'}^2 + 8\sigma_A^2$
B	0.562 5	1	0.562 5	2.97			$\sigma_{e'}^2 + 8\sigma_B^2$
C	1.822 5	1	1.822 5	9.61*>			$\sigma_{e'}^2 + 8\sigma_C^2$
D	1.210 0	1	1.210 0	6.38*>			$\sigma_{e'}^2 + 8\sigma_D^2$
E	0.302 5	1	0.302 5	1.60			$\sigma_{e'}^2 + 8\sigma_E^2$
F	4.000 0	1	4.000 0	21.10**>			$\sigma_{e'}^2 + 8\sigma_F^2$
$A \times C$	0.810 0	1	0.810 0	4.27			$\sigma_{e'}^2 + 4\sigma_{A \times C}^2$
$A \times D$	2.102 5	1	2.102 5	11.09*>			$\sigma_{e'}^2 + 4\sigma_{A \times D}^2$
$B \times C$	2.250 0	1	2.250 0	11.87*>			$\sigma_{e'}^2 + 4\sigma_{B \times C}^2$
e'	1.137 5	6	0.189 6				$\sigma_{e'}^2$
T	16.300 0	15					

表 6.14 より B, E, $A \times C$ は有意でない．しかし，B は主効果で $B \times C$ が有意である．また，$A \times C$ は有意でないが $F(0.05)=5.99$ に対し 4.27 でいずれも残す．したがって，E を誤差 (e') にプールし (e'') として表 6.15 を作る．

表 6.15 分散分析表 (3)

要因	S	ϕ	V	F_0	$E(ms)$
A	2.102 5	1	2.102 5	10.22*	$\sigma_{e''}^2 + 8\sigma_A^2$
B	0.562 5	1	0.562 5	2.73	$\sigma_{e''}^2 + 8\sigma_B^2$
C	1.822 5	1	1.822 5	8.86*	$\sigma_{e''}^2 + 8\sigma_C^2$
D	1.210 0	1	1.210 0	5.88*	$\sigma_{e''}^2 + 8\sigma_D^2$
F	4.000 0	1	4.000 0	19.45**	$\sigma_{e''}^2 + 8\sigma_F^2$
$A \times C$	0.810 0	1	0.810 0	3.94	$\sigma_{e''}^2 + 4\sigma_{A \times C}^2$
$A \times D$	2.102 5	1	2.102 5	10.22*	$\sigma_{e''}^2 + 4\sigma_{A \times D}^2$
$B \times C$	2.250 0	1	2.250 0	10.94*	$\sigma_{e''}^2 + 4\sigma_{B \times C}^2$
e''	1.440 0	$\phi_{e''}=7$	$0.205\ 7=V_{e''}$		$\sigma_{e''}^2$
T	16.300 0	15			

$F_7^1(0.05)=5.59 \qquad F_7^1(0.01)=12.2$

結論として F は $\alpha=1\%$, A, C, D, $A\times D$, $B\times C$ は $\alpha=5\%$ にて有意である．また，B, $A\times C$ は有意でない．

したがって，磁力に影響する因子は A, C, D, F 及び交互作用 $A\times D$, $B\times C$ である．

[参考] **分散分析表の図解説（概要）**
直交配列表 $L_{16}(2^{15})$　表 6.15 より

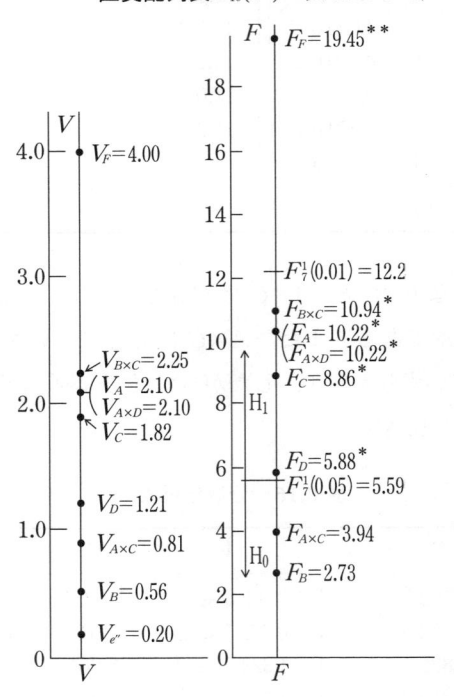

V 軸：
- $V_F = 4.00$
- $V_{B\times C} = 2.25$
- $V_A = 2.10$
- $V_{A\times D} = 2.10$
- $V_C = 1.82$
- $V_D = 1.21$
- $V_{A\times C} = 0.81$
- $V_B = 0.56$
- $V_{e''} = 0.20$

F 軸：
- $F_F = 19.45^{**}$
- $F^1_7(0.01) = 12.2$
- $F_{B\times C} = 10.94^{*}$
- $F_A = 10.22^{*}$
- $F_{A\times D} = 10.22^{*}$
- $F_C = 8.86^{*}$
- $F_D = 5.88^{*}$
- $F^1_7(0.05) = 5.59$
- $F_{A\times C} = 3.94$
- $F_B = 2.73$

手順 6　最適条件の推定（値の大きいほうがよい．）

$\hat{\mu}_{A_iD_l}$, $\hat{\mu}_{B_jC_K}$, $\hat{\mu}_F$ の推定

交互作用 $A\times D$ は，表 6.11 より

6.4 2水準系 $L_{16}(2^{15})$ 型の活用例

$$\hat{\mu}_{A1D1} = \overline{x}_{A1D1} = \frac{x_1 + x_2 + x_{15} + x_{16}}{4} = \frac{2.2 + 3.0 + 2.8 + 4.0}{4}$$

$$= \frac{12.0}{4} = \underline{3.000}$$

$$\hat{\mu}_{A1D2} = \overline{x}_{A1D2} = \frac{x_5 + x_6 + x_{11} + x_{12}}{4} = \frac{1.8 + 2.3 + 0.9 + 1.9}{4}$$

$$= \frac{6.9}{4} = \underline{1.725}$$

$$\hat{\mu}_{A2D1} = \overline{x}_{A2D1} = \frac{x_7 + x_8 + x_9 + x_{10}}{4} = \frac{0.3 + 2.5 + 2.3 + 1.1}{4}$$

$$= \frac{6.2}{4} = \underline{1.550}$$

$$\hat{\mu}_{A2D2} = \overline{x}_{A2D2} = \frac{x_3 + x_4 + x_{13} + x_{14}}{4} = \frac{1.2 + 3.5 + 0.5 + 1.7}{4}$$

$$= \frac{6.9}{4} = \underline{1.725}$$

交互作用 $B \times C$ は,表 6.11 より同様に行う.

$$\hat{\mu}_{B1C1} = \overline{x}_{B1C1} = \frac{2.2 + 2.5 + 1.9 + 0.5}{4} = \frac{7.1}{4} = \underline{1.775}$$

$$\hat{\mu}_{B1C2} = \overline{x}_{B1C2} = \frac{1.2 + 2.3 + 1.1 + 2.8}{4} = \frac{7.4}{4} = \underline{1.850}$$

$$\hat{\mu}_{B2C1} = \overline{x}_{B2C1} = \frac{3.5 + 1.8 + 2.3 + 4.0}{4} = \frac{11.6}{4} = \underline{2.900}$$

$$\hat{\mu}_{B2C2} = \overline{x}_{B2C2} = \frac{3.0 + 0.3 + 0.9 + 1.7}{4} = \frac{5.9}{4} = \underline{1.475}$$

主因子 F は,表 6.12 補助表より

$$\hat{\mu}_{F1} = \overline{x}_{F1} = \frac{12.0}{8} = \underline{1.5}$$

$$\hat{\mu}_{F2} = \overline{x}_{F2} = \frac{20.0}{8} = \underline{2.5}$$

したがって，最適条件の点推定（値は大きいほうがよい．）

点推定

$$\hat{\mu}_{(A1B2C1D1F2)} = \overline{x}_{A1D1} + \overline{x}_{B2C1} + \overline{x}_{F2} - 2\overline{x}$$

$$= \frac{12.0}{4} + \frac{11.6}{4} + \frac{20.0}{8} - 2\frac{32}{16} = 4.4$$

有効反復数 $\quad \dfrac{1}{n_e} = \dfrac{1}{4} + \dfrac{1}{4} + \dfrac{1}{8} - \dfrac{2}{16} = \dfrac{1}{2}$

区間推定 $\quad \hat{\mu}_{(A1B2C1D1F2)} \pm t(\phi_{e''}, 0.05)\sqrt{\dfrac{V_{e''}}{n_e}}$

$$= 4.4 \pm t(7, 0.05)\sqrt{\frac{0.2057}{2}}$$

$$\therefore \quad 4.4 \pm 2.365\sqrt{\frac{0.2057}{2}} = 4.4 \pm 0.76$$

$$\therefore \quad 3.64 \leqq \mu_{(A1B2C1D1F2)} \leqq 5.16$$

〈補足〉 直交配列表を用いた因子 A の平方和 S_A を本来は次式にて求める．

$$S_A = \frac{(A_1\text{水準のデータの和})^2}{A_1\text{水準のデータの数}} + \frac{(A_2\text{水準のデータの和})^2}{A_2\text{水準のデータの数}}$$

$$- \frac{(\text{全体のデータの和})^2}{\text{全体のデータの数}}$$

$$= \frac{(T_{A1}{}^2 + T_{A2}{}^2)}{(n/l)} - \frac{(T_{A1} + T_{A2})^2}{n} = \frac{(T_{A1}{}^2 + T_{A2}{}^2)}{(n/l)} - CT \quad (1)$$

$$CT = \frac{(T_{A1} + T_{A2})^2}{n}$$

ここに，A_1 のデータの和 T_{A1}

$\qquad A_2$ のデータの和 T_{A2}

$\qquad$ 全体のデータの数 n

$\qquad$ 水準数 l

2 水準系の場合 $\quad l=2$ のとき

$$S_A = \underbrace{\frac{(T_{A1}{}^2 + T_{A2}{}^2)}{(n/l)} - \frac{(T_{A1} + T_{A2})^2}{n}}_{\text{左辺}} = \underbrace{\frac{(T_{A1} - T_{A2})^2}{n}}_{\text{右辺}} \quad (2)$$

一般には式(2)の右辺で計算されている．($n=16$，$l=2$)

式(2)の証明　例えば，補助表（表6.12）より5列の S_A について行う．
[$L_{16}(2^{15})$ 型について]

〈式(2)の左辺〉
$$S_A = \frac{(18.9^2 + 13.1^2)}{(16/2)} - \frac{(18.9 + 13.1)^2}{16} = 66.1025 - 64 = 2.1025 \leftarrow$$

〈式(2)の右辺〉
$$S_A = \frac{(18.9 - 13.1)^2}{16} = 2.1025 \leftarrow$$

OK

すなわち，式(2)の右辺と左辺の証明を行う．（左辺から解く）

$$S_A = \frac{(T_{A1}^2 + T_{A2}^2)}{(n/l)} - \frac{(T_{A1} + T_{A2})^2}{n}$$

$$= \frac{(T_{A1}^2 + T_{A2}^2)}{(n/2)} - \frac{(T_{A1} + T_{A2})^2}{n}$$

$$= \frac{2(T_{A1}^2 + T_{A2}^2) - (T_{A1} + T_{A2})^2}{n}$$

$$= \frac{2T_{A1}^2 + 2T_{A2}^2 - T_{A1}^2 - T_{A2}^2 - 2T_{A1}T_{A2}}{n}$$

$$= \frac{T_{A1}^2 + T_{A2}^2 - 2T_{A1}T_{A2}}{n}$$

$$= \frac{(T_{A1} - T_{A2})^2}{n} \quad (右辺)$$

$$\therefore \quad S_A = \frac{(T_{A1} - T_{A2})^2}{n}$$

この式のほうが計算が簡単である．したがって，この式が用いられている．

6.5　3水準系 $L_{27}(3^{13})$ 型直交配列表について

[3水準で一番簡単な型が $L_9(3^4)$ 型で2水準系の $L_8(2^7)$ 型に相当する．]

(1)　3水準系の直交配列表の種類

直交配列表の一例として，表6.16が $L_9(3^4)$ 型で，表6.17が $L_{27}(3^{13})$ 型である．これ以外にもあるが，ここでは省略する．

一般には $L_{27}(3^{13})$ 型は使いやすいのでよく用いられている.

例えば,実験回数 n,水準数 l,要因の数 k とするならば,$k=(n-1)/(l-1)$ で $L_n(l^k)$ が表される.$L_{27}(3^{13})$ 型の場合の要因の数 $k=(27-1)/(3-1)=13$ 組である.自由度 ϕ は各列 2 である.

表 6.16 $L_9(3^4)$ 型

列番 No.	1	2	3	4
1	1	1	1	1
2	1	2	2	2
3	1	3	3	3
4	2	1	2	3
5	2	2	3	1
6	2	3	1	2
7	3	1	3	2
8	3	2	1	3
9	3	3	2	1
成分	a	b	b	b^2
	1群	2群		

表 6.17 $L_{27}(3^{13})$ 型

列番 No.	1	2	3	4	5	6	7	8	9	10	11	12	13
1	1	1	1	1	1	1	1	1	1	1	1	1	1
2	1	1	1	1	2	2	2	2	2	2	2	2	2
3	1	1	1	1	3	3	3	3	3	3	3	3	3
4	1	2	2	2	1	1	1	2	2	2	3	3	3
5	1	2	2	2	2	2	2	3	3	3	1	1	1
6	1	2	2	2	3	3	3	1	1	1	2	2	2
7	1	3	3	3	1	1	1	3	3	3	2	2	2
8	1	3	3	3	2	2	2	1	1	1	3	3	3
9	1	3	3	3	3	3	3	2	2	2	1	1	1
10	2	1	2	3	1	2	3	1	2	3	1	2	3
11	2	1	2	3	2	3	1	2	3	1	2	3	1
12	2	1	2	3	3	1	2	3	1	2	3	1	2
13	2	2	3	1	1	2	3	2	3	1	3	1	2
14	2	2	3	1	2	3	1	3	1	2	1	2	3
15	2	2	3	1	3	1	2	1	2	3	2	3	1
16	2	3	1	2	1	2	3	3	1	2	2	3	1
17	2	3	1	2	2	3	1	1	2	3	3	1	2
18	2	3	1	2	3	1	2	2	3	1	1	2	3
19	3	1	3	2	1	3	2	1	3	2	1	3	2
20	3	1	3	2	2	1	3	2	1	3	2	1	3
21	3	1	3	2	3	2	1	3	2	1	3	2	1
22	3	2	1	3	1	3	2	2	1	3	3	2	1
23	3	2	1	3	2	1	3	3	2	1	1	3	2
24	3	2	1	3	3	2	1	1	3	2	2	1	3
25	3	3	2	1	1	3	2	3	2	1	2	1	3
26	3	3	2	1	2	1	3	1	3	2	3	2	1
27	3	3	2	1	3	2	1	2	1	3	1	3	2
成分	a	a b	a b	a b^2	c	c	c^2	a b c	a b c	a b^2 c^2	a b c^2	a b^2 c	a b c^2
	1群	2群			3群								

6.5 3水準系 $L_{27}(3^{13})$ 型直交配列表について

各自由度 $\phi_i=2$ である．したがって，全体の自由度 $\phi_T=2\times 13\,\text{列}=26$
また，データの数 $n=27$ で全体の自由度 $\phi_T=n-1=27-1=26$ OK

(2) 要因の割付けについて

割付けのルールに従って割り付ける方法がある．

直交配列表の成分には次のような関係がある．

$$a^3=b^3=c^3=1 \qquad a^4=aa^3=a \qquad a^5=a^3a^2=a^2$$

$$a^6=a^3a^3=1 \quad b,\ c\ \text{ともに同様．}\quad ab=ba$$

$$a^2b=(a^2b)^2=a^4b^2=a^3ab^2=ab^2 \qquad a^2c=ac^2 \qquad b^2c=bc^2$$

交互作用の割付けは，3水準系の割付け表を用いてもよい．（表6.18）

因子 A の自由度 $\phi_A=2$，B の自由度 $\phi_B=2$ の交互作用 $A\times B$ の自由度 $\phi_{A\times B}=4$ である．

表6.18 交互作用割付け表（3水準系；2列必要）

列\列	1	2	3	4	5	6	7	8	9	10	11	12	13
(1)		3 4	2 4	2 3	6 7	5 7	5 6	9 10	8 10	8 9	12 13	11 13	11 12
(2)			1 4	1 3	8 11	9 12	10 13	5 11	6 12	7 13	5 8	6 9	7 10
(3)				1 2	9 13	10 11	8 12	7 12	5 13	6 11	6 10	7 8	5 9
(4)					10 12	8 13	9 11	6 13	7 11	5 12	7 9	5 10	6 8
(5)						1 7	1 6	2 11	3 13	4 12	2 8	4 10	3 9
(6)							1 5	4 13	2 12	3 11	3 10	2 9	4 8
(7)								3 12	4 11	2 13	4 9	3 8	2 10
(8)									1 10	1 9	2 5	3 7	4 6
(9)										1 8	4 7	2 6	3 5
(10)											3 6	4 5	2 7
(11)												1 13	1 12
(12)													1 11

交互作用は2列必要なため，例えば $A \times B_1$, $A \times B_2$ と添字を付けるとわかりやすい．

(3) 線点図

図6.6はその一例である．

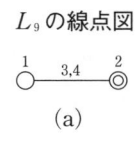

L_9 の線点図

(a)

L_{27} の線点図

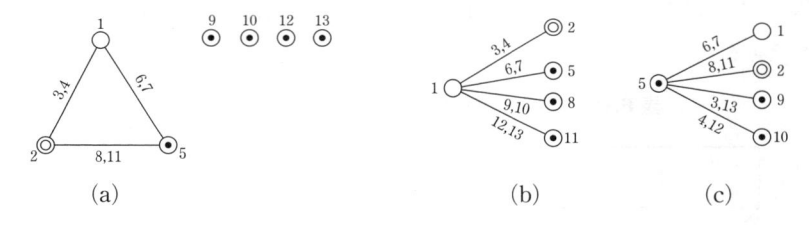

(a)　　　　　　　　　　(b)　　　　　　(c)

図6.6 線 点 図

(4) 割付けのルールに従って割り付ける場合の例題

例 a) $A \times B$ を割り付ける．

$A \times B$　$A:1$列$=a$ と $B:2$列$=b$ に割り付けたとき，

$A \times B_1 : a \times b = ab \to 3$ 列

$A \times B_2 : a(b)^2 = ab^2 \to 4$ 列

交互作用は直交配列表の2列を必要とする．

したがって，自由度 $\phi_{A \times B} = \phi_A \times \phi_B = 2 \times 2 = 4$

A　　　　　　B
1 ●━━━━━━● 2
　　$(A \times B)$ 3, 4

(a) 線点図

6.5　3水準系 $L_{27}(3^{13})$ 型直交配列表について　　　153

例 b) $D \times E$ を割り付ける．

$D \times E$　$D : 12$ 列 $= ab^2c$ と $E : 13$ 列 $= abc^2$ に割り付けたとき，
$D \times E_1 = (ab^2c) \times (abc^2) = a^2b^3c^3 = a^2 = (a^2)^2 = a^4 = a^3a = a \rightarrow 1$ 列
$D \times E_2 = (ab^2c) \times (abc^2)^2 = a^3b^4c^5 = a^3b^3c^3bc^2 = bc^2 \rightarrow 11$ 列

```
       D              E
  12 ●────────────● 13
        (D×E) 1, 11
```
(b)　線点図

例 c) $F \times G$ を割り付ける．

$F \times G$　$F : 9$ 列 $= abc$ と $G : 10$ 列 $= ab^2c^2$ に割り付けたとき，
$F \times G_1 = (abc) \times (ab^2c^2) = a^2b^3c^3 = a^2 = (a^2)^2 = a^4 = a^3a = a \rightarrow 1$ 列
$F \times G_2 = (abc) \times (ab^2c^2)^2 = a^3b^5c^5b^2c^2 = (b^2c^2)^2 = b^4c^4 = bc \rightarrow 8$ 列

```
      F              G
  9 ●────────────● 10
       (F×G) 1, 8
```
(c)　線点図

(5)　交互作用の割付け表（表 6.18）を用いて割り付ける場合がある．

前項の例 a)，b)，c) について

例 a)　$A \times B : A\ 1$ 列　$B\ 2$ 列

　　$A \times B_1$　3 列

　　$A \times B_2$　4 列

	B
列	………　[2]
$A[1]$	………　$\begin{cases} 3 \rightarrow A \times B_1 \\ 4 \rightarrow A \times B_2 \end{cases}$

例 b) $D \times E : D\ 12$列　$E\ 13$列
　　$D \times E_1$　1列
　　$D \times E_2$　11列

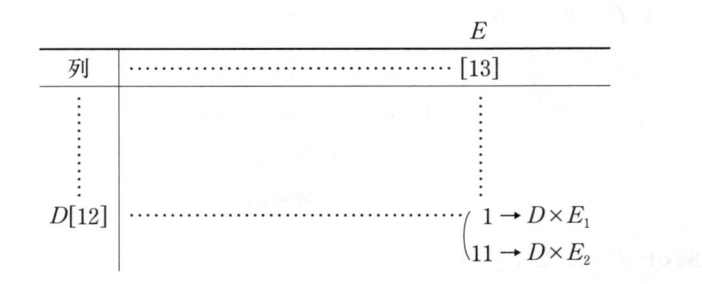

	E
列	·················· [13]
⋮	⋮
$D[12]$	·················· $\begin{cases} 1 \to D \times E_1 \\ 11 \to D \times E_2 \end{cases}$

例 c) $F \times G :$　$F\ 9$列　$G\ 10$列
　　$F \times G_1$　1列
　　$F \times G_2$　8列

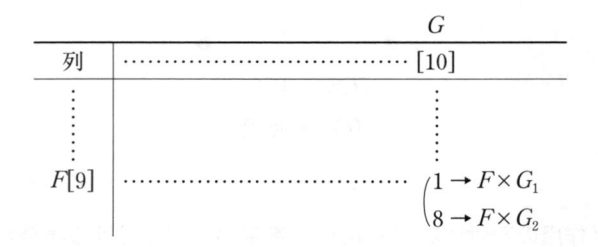

	G
列	·················· [10]
⋮	⋮
$F[9]$	·················· $\begin{cases} 1 \to F \times G_1 \\ 8 \to F \times G_2 \end{cases}$

6.6　3水準系 $L_{27}(3^{13})$ 型の活用例

[例 6.3]

　農薬を使っている工程で，効能は従来と変わらないが，不純物の少ない薬品を開発した．そこで，この収率を上げるため，これに関連のあると思われる要因（表 6.19）を 6 個（H, I, J, K, L, M）を取りあげて $L_{27}(3^{13})$ 型直交配列表を用い，表 6.20 に従い実験をランダムに行った．このときの交互作用 $I \times K$ を検出したい．

　交互作用 $I \times K$ を表 6.20 に割り付け，データの計算を簡単にするため，$X_i=(x_i-70)\times 10$ にて数値変換を行う．補助表（表 6.21）を作り分散分析を行い，最適実験条件の推定を行う．値は大きいほうがよい．

表 6.19　取りあげた要因と水準

要因＼水準	1	2	3	単位
反応釜 (H)	No.1	No.2	No.3	量
直勤 (I)	1	2	3	直
触媒量 (J)	2.0	2.2	2.4	%
測定器 (K)	イ	ロ	ハ	種類
反応時間 (L)	10	15	20	時間
反応温度 (M)	100	110	120	℃

表 6.20 $L_{27}(3^{13})$ 型直交配列表

$$X_i = (x_i - 70.0) \times 10$$

列＼実験No.	1	2	3	4	5	6	7	8	9	10	11	12	13	実験結果 x_i (%)	X_i	X_i^2
1	1	1	1	1	1	1	1	1	1	1	1	1	1	73.1	$X_1 = 31$	961
2	1	1	1	1	2	2	2	2	2	2	2	2	2	67.8	$X_2 = -22$	484
3	1	1	1	1	3	3	3	3	3	3	3	3	3	67.3	$X_3 = -27$	729
4	1	2	2	2	1	1	1	2	2	2	3	3	3	74.0	$X_4 = 40$	1600
5	1	2	2	2	2	2	2	3	3	3	1	1	1	70.7	$X_5 = 7$	49
6	1	2	2	2	3	3	3	1	1	1	2	2	2	66.9	$X_6 = -31$	961
7	1	3	3	3	1	1	1	3	3	3	2	2	2	71.8	$X_7 = 18$	324
8	1	3	3	3	2	2	2	1	1	1	3	3	3	69.0	$X_8 = -10$	100
9	1	3	3	3	3	3	3	2	2	2	1	1	1	70.9	$X_9 = 9$	81
10	2	1	2	3	1	2	3	1	2	3	1	2	3	69.2	$X_{10} = -8$	64
11	2	1	2	3	2	3	1	2	3	1	2	3	1	72.8	$X_{11} = 28$	784
12	2	1	2	3	3	1	2	3	1	2	3	1	2	67.3	$X_{12} = -27$	729
13	2	2	3	1	1	2	3	2	3	1	3	1	2	69.4	$X_{13} = -6$	36
14	2	2	3	1	2	3	1	3	1	2	1	2	3	70.6	$X_{14} = 6$	36
15	2	2	3	1	3	1	2	1	2	3	2	3	1	72.5	$X_{15} = 25$	625
16	2	3	1	2	1	2	3	3	1	2	2	3	1	70.2	$X_{16} = 2$	4
17	2	3	1	2	2	3	1	1	2	3	3	1	2	67.1	$X_{17} = -29$	841
18	2	3	1	2	3	1	2	2	3	1	1	2	3	68.4	$X_{18} = -16$	256
19	3	1	3	2	1	3	2	1	3	2	1	3	2	68.7	$X_{19} = -13$	169
20	3	1	3	2	2	1	3	2	1	3	2	1	3	71.6	$X_{20} = 16$	256
21	3	1	3	2	3	2	1	3	2	1	3	2	1	70.9	$X_{21} = 9$	81
22	3	2	1	3	1	3	2	2	1	3	3	2	1	69.8	$X_{22} = -2$	4
23	3	2	1	3	2	1	3	3	2	1	1	3	2	67.8	$X_{23} = -22$	484
24	3	2	1	3	3	2	1	1	3	2	2	1	3	73.3	$X_{24} = 33$	1089
25	3	3	2	1	1	3	2	3	2	1	2	1	3	72.0	$X_{25} = 20$	400
26	3	3	2	1	2	1	3	1	3	2	3	2	1	68.7	$X_{26} = -13$	169
27	3	3	2	1	3	2	1	2	1	3	1	3	2	70.6	$X_{27} = 6$	36
成分	a	a b	a b c	a b^2 c	a c	a c^2		a b c	a b c^2	a b^2 c^2	b c^2	a b^2 c	a b c^2	1892.4	24	11352
割付け	$\widehat{e}$	I	H	$\widehat{e}$	K	$\widehat{e}$	J	$\widehat{I \times K_1}$	$\widehat{e}$	$\widehat{e}$	$\widehat{I \times K_2}$	L	M	Σx_i	ΣX_i	ΣX_i^2

6.6　3水準系 $L_{27}(3^{13})$ 型の活用例

解　析

手順1　補助表を作る．

表6.21　補　助　表

列	1			2			3			4			5			6			7		
要因	e			I			H			e			K			e			J		
水準	1	2	3	1	2	3	1	2	3	1	2	3	1	2	3	1	2	3	1	2	3
数値	31	−8	−13	31	40	18	31	40	18	31	40	18	31	−22	−27	31	−22	−27	31	−22	−27
	−22	28	16	−22	7	−10	−22	7	−10	−22	7	−10	40	7	−31	40	7	−31	40	7	−31
	−27	−1	9	−27	−31	9	−27	−31	9	−27	−31	9	18	−10	9	18	−10	9	18	−10	9
	40	−6	−2	−8	−6	2	2	−8	−6	−6	2	−8	−8	28	−27	−27	−8	28	28	−27	−8
	7	6	−22	28	6	−29	−29	28	6	6	−29	28	−6	6	25	25	−6	6	6	25	−6
	−31	25	33	−27	25	−16	−16	−27	25	25	−16	−27	2	−29	−16	−16	2	−29	−29	−16	2
	18	2	20	−13	−2	20	−2	20	−13	20	−13	−2	−13	16	9	16	9	−13	9	−13	16
	−10	−29	−13	16	−22	−13	−22	−13	16	−13	16	−22	−2	−22	33	−22	33	−2	33	−2	−22
	9	−16	6	9	33	6	33	6	9	6	9	33	20	−13	6	−13	6	20	6	20	−13
計(合計)	15	−25	34	−13	50	−13	−52	22	54	20	−15	19	82	−39	−19	52	11	−39	㊷142	−38	−80
	(24)			(24)			(24)			(24)			(24)			(24)			(24)		
(計)²	225	625	1156	169	2500	169	2704	484	2916	400	225	361	6724	1521	361	2704	121	1521	20164	1444	6400
Σ(計)²	2006			2838			6104			986			8606			4346			28008		

列	8			9			10			11			12			13		
要因	$I \times K_1$			e			e			$I \times K_2$			L			M		
水準	1	2	3	1	2	3	1	2	3	1	2	3	1	2	3	1	2	3
数値	31	−22	−27	31	−22	−27	31	−22	−27	31	−22	−27	31	−22	−27	31	−22	−27
	−31	40	7	−31	40	7	−31	40	7	7	−31	40	7	−31	40	7	−31	40
	−10	9	18	−10	9	18	−10	9	18	9	18	−10	9	18	−10	9	18	−10
	−8	28	−27	−27	−8	28	28	−27	−8	28	−27	−8	−27	−8	28	28	−27	−8
	25	−6	6	6	25	−6	−6	6	25	6	25	−6	−6	6	25	25	−6	6
	−29	−16	2	2	−29	−16	−16	2	−29	−16	2	−29	−29	−16	2	2	−29	−16
	−13	16	9	16	9	−13	9	−13	16	−13	16	9	16	9	−13	9	−13	16
	33	−2	−22	−2	−22	33	−22	33	−2	−22	33	−2	33	−2	−22	−2	−22	33
	−13	6	20	6	20	−13	20	−13	6	6	20	−13	20	−13	6	−13	6	20
計(合計)	−15	53	−14	−9	22	11	3	15	6	0	89	−65	㊾54	−59	29	㊾96	−126	54
	(24)			(24)			(24)			(24)			(24)			(24)		
(計)²	225	2809	196	81	484	121	9	225	36	0	7921	4225	2916	3481	841	9216	15876	2916
Σ(計)²	3230			686			270			12146			7238			28008		

注　有意のもので，各水準の計のうち，大きいものに○印を付ける．(J_1=142，L_1=54，M_1=96)
　　また，交互作用が有意の場合は二元表で選ぶ．

手順2 交互作用 $I \times K$ を割付け，誤差項 e を確認する．

① 割付けのルールに従い，$I \times K$ の割付けと線点図を作る．

$I : 2$列b と $K : 5$列c

$I \times K_1 : b \times c = bc \rightarrow 8$列

$I \times K_2 : b \times (c)^2 = bc^2 \rightarrow 11$列

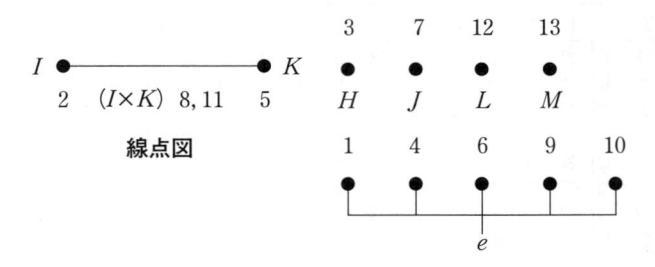

```
              3   7  12  13
I ●━━━━━● K   ●   ●   ●   ●
  2 (I×K)8,11 5   H   J   L   M
    線点図         1   4   6   9  10
                  ●   ●   ●   ●   ●
                          └─┬─┘
                            e
```

② 交互作用の割付け表を用い，$I \times K$ を割り付ける．

$I : 2$列b と $K : 5$列c　　　　　列 ············ [5]

$I \times K_1 : 8$列 ─┐
$I \times K_2 : 11$列 ─┴ に割り付く　　　[2] ············ ⎧ $8 \rightarrow I \times K_1$
　　　　　　　　　　　　　　　　　　　　　　　　　　　⎩ $11 \rightarrow I \times K_2$

③ 誤差項 e は [1]，[4]，[6]，[9]，[10] の五つの列がある．

手順3 表6.20 の X_i，X_i^2 の検算を行う．

検算　$\sum x_i = 1\,892.4 \xleftarrow{\text{OK}} \sum x_i = 70.0 \times 27 + \dfrac{24}{10} = 1\,892.4$

手順4 各平方和 S 及び自由度 ϕ を求める．

6.6 3水準系 $L_{27}(3^{13})$ 型の活用例

$$CT = \frac{(\Sigma X_i)^2}{n} = \frac{(24)^2}{27} = 21.333\,33$$

$$S_T = (\Sigma X_i^2 - CT)\frac{1}{h^2} = (11\,352 - 21.333\,33)\frac{1}{100} = \underline{113.306\,67} \to 113.31$$

∴ $S_T = 113.31$ とする ← OK

$$\phi_T = n - 1 = 27 - 1 = 26$$

$$S_i = \left(\frac{\Sigma(\text{計})^2}{n/3} - CT\right)\frac{1}{h^2} \quad \text{ただし,} \quad h = 10 \quad h^2 = 100 \quad \phi_i = 2$$
（単位を元に戻す）

$$S_H = \left(\frac{6\,104}{9} - 21.333\,33\right)\frac{1}{100} = 6.568\,89 \qquad \phi_H = 2$$

$$S_I = \left(\frac{2\,838}{9} - 21.333\,33\right)\frac{1}{100} = 2.940\,00 \qquad \phi_I = 2$$

$$S_J = \left(\frac{28\,008}{9} - 21.333\,33\right)\frac{1}{100} = 30.906\,67 \qquad \phi_J = 2$$

$$S_K = \left(\frac{8\,606}{9} - 21.333\,33\right)\frac{1}{100} = 9.348\,89 \qquad \phi_K = 2$$

$$S_L = \left(\frac{7\,238}{9} - 21.333\,33\right)\frac{1}{100} = 7.828\,89 \qquad \phi_L = 2$$

$$S_M = \left(\frac{28\,008}{9} - 21.333\,33\right)\frac{1}{100} = 30.906\,67 \qquad \phi_M = 2$$

$$S_{I \times K} = \left(\frac{3\,230 + 12\,146}{9} - 2 \times 21.333\,33\right)\frac{1}{100} = 16.657\,78$$

$$\phi_{I \times K} = 2 \times 2 = 4$$

$$S_e = \left(\frac{2\,006 + 986 + 4\,346 + 686 + 270}{9} - 5 \times 21.333\,33\right)\frac{1}{100} = 8.148\,9$$

$$\phi_e = 2 \times 5 = 10$$

$$S_T = S_H + S_I + S_J + S_K + S_L + S_M + S_{I \times K} + S_e = \underline{113.306\,69} \to 113.31$$

$$\phi_T = \phi_H + \phi_I + \phi_J + \phi_K + \phi_L + \phi_M + \phi_{I \times K} + \phi_e = 26 \quad \text{OK}$$

手順5 仮説を立て，分散分析表を作る．

$H_0 : \sigma_H^2, \cdots, \sigma_{I \times K}^2 = 0$　　　　$H_1 : \sigma_H^2, \cdots, \sigma_{I \times K}^2 > 0$

表 6.22 分散分析表

要因	S	ϕ	V	F_0	$E(ms)$
H	6.569	2	3.28	4.02	$\sigma_e^2 + 9\sigma_H^2$
I	2.940	2	1.47	1.80	$\sigma_e^2 + 9\sigma_I^2$
J	30.907	2	15.45	18.95**	$\sigma_e^2 + 9\sigma_J^2$
K	9.349	2	4.67	5.73*	$\sigma_e^2 + 9\sigma_K^2$
L	7.829	2	3.91	4.80*	$\sigma_e^2 + 9\sigma_L^2$
M	30.907	2	15.45	18.95**	$\sigma_e^2 + 9\sigma_M^2$
$I \times K$	16.658	4	4.16	5.10*	$\sigma_e^2 + 3\sigma_{I \times K}^2$
e	8.151	10	0.815 1		σ_e^2
T	113.31	26	$F_{10}^2(0.05)=4.10$　$F_{10}^2(0.01)=7.56$ $F_{10}^4(0.05)=3.48$　$F_{10}^4(0.01)=5.99$		

∴ J, M は $\alpha=1\%$, K, L と $I \times K$ は $\alpha=5\%$ で有意．（H_1 採択）

H, I は有意でない．（H_0 採択）

表 6.22 の各偏差平方和 S より OS 線点図(3)　直交表 $L_{27}(3^{13})$ 型

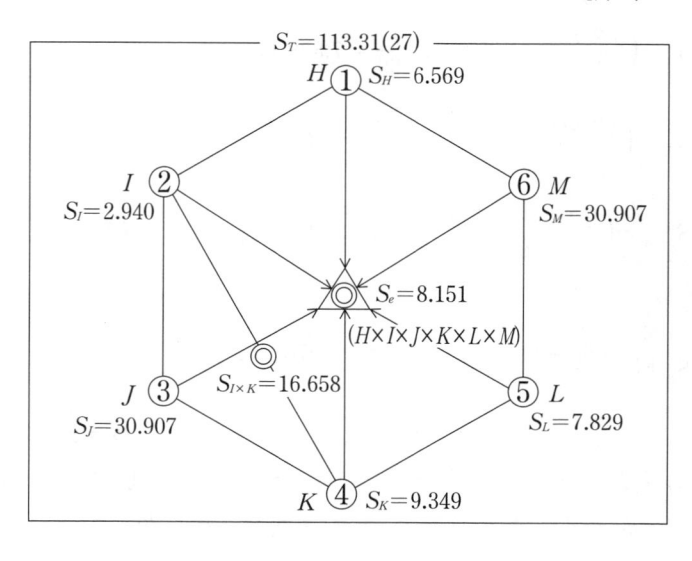

$S_T = 113.31(27)$

H ① $S_H = 6.569$

I ② $S_I = 2.940$

⑥ M $S_M = 30.907$

$S_e = 8.151$ $(H \times I \times J \times K \times L \times M)$

J ③ $S_{I \times K} = 16.658$ $S_J = 30.907$

⑤ L $S_L = 7.829$

K ④ $S_K = 9.349$

6.6 3水準系 $L_{27}(3^{13})$ 型の活用例

[参考] 分散分析表の図解説（概要）
直交配列表 $L_{27}(3^{13})$ 表 6.22 より

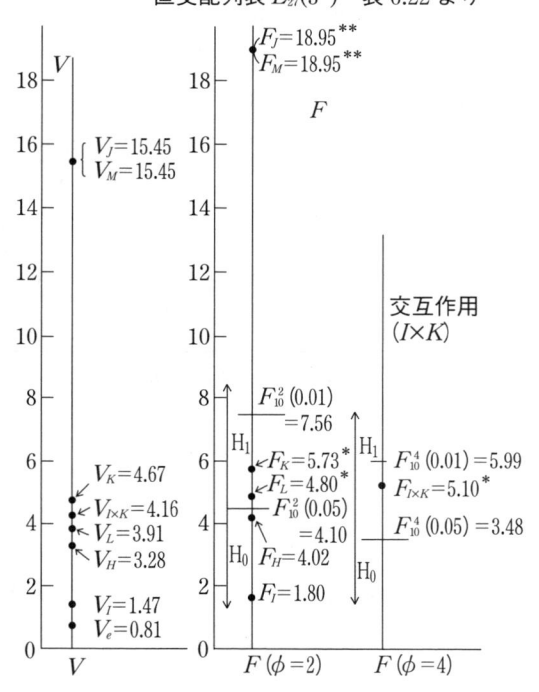

（図：分散 V と分散比 F の比較図）

$V_J = 15.45$, $V_M = 15.45$
$V_K = 4.67$
$V_{I \times K} = 4.16$
$V_L = 3.91$
$V_H = 3.28$
$V_I = 1.47$
$V_e = 0.81$

$F_J = 18.95^{**}$
$F_M = 18.95^{**}$
$F_{10}^{2}(0.01) = 7.56$
$F_K = 5.73^{*}$
$F_L = 4.80^{*}$
$F_{10}^{2}(0.05) = 4.10$
$F_H = 4.02$
$F_I = 1.80$

交互作用 $(I \times K)$
$F_{10}^{4}(0.01) = 5.99$
$F_{I \times K} = 5.10^{*}$
$F_{10}^{4}(0.05) = 3.48$

$F(\phi=2)$　　$F(\phi=4)$

手順6 有意になったものについて，最適実験条件の推定を行う．（値は大きいほうがよい．）

(1) 交互作用 $I \times K$ が有意のため，I, K の二元表を作る．（表 6.20 より）

(2) 最適実験条件 $(I_3 J_1 K_1 L_1 M_1)$　（J, L, M は表 6.21 より，また $I \times K$ は表 6.23 より）

(3) 点推定

$$\hat{\mu}(I_3 J_1 K_1 L_1 M_1) = \widehat{\mu + I_3 + J_1 + K_1 + L_1 + M_1 + (IK)_{31}}$$
$$= \widehat{\mu + I_3 + K_1 + (IK)_{31}} + \widehat{\mu + J_1} + \widehat{\mu + L_1} + \widehat{\mu + M_1} - 3\hat{\mu}$$
$$= x_0 + \overline{x}_{(IK)_{31}} + \overline{x}_{J1} + \overline{x}_{L1} + \overline{x}_{M1} - 3\overline{x}$$
$$= 70.0 + \left(\frac{40}{3} + \frac{142}{9} + \frac{54}{9} + \frac{96}{9} - 3 \times \frac{24}{27}\right) \times \frac{1}{10}$$

$= 74.31$ ∴ $\hat{\mu}(I_3J_1K_1L_1M_1) = 74.31$ (%)

表 6.23 I, K の二元表

i \ k	K_1	K_2	K_3	計
I_1	$X_1+X_{10}+X_{19}$ $31-8-13=10$	$X_2+X_{11}+X_{20}$ $-22+28+16=22$	$X_3+X_{12}+X_{21}$ $-27-27+9=-45$	-13
I_2	$X_4+X_{13}+X_{22}$ $40-6-2=32$	$X_5+X_{14}+X_{23}$ $7+6-22=-9$	$X_6+X_{15}+X_{24}$ $-31+25+33=27$	50
I_3	$X_7+X_{16}+X_{25}$ $18+2+20=\text{㊵}$	$X_8+X_{17}+X_{26}$ $-10-29-13=-52$	$X_9+X_{18}+X_{27}$ $9-16+6=-1$	-13
計	82	-39	-19	24

注 交互作用 $I \times K$ については $(IK)_{ik}$ の組みの大きいものに○印を付ける. $(IK)_{31}=40$

(4) 区間推定

$$\frac{1}{n_e} = \frac{1}{3} + \frac{1}{9} + \frac{1}{9} + \frac{1}{9} - \frac{3}{27} = \frac{5}{9}$$

注 因子 H は有意でないため,誤差 e にプールし e' として取り扱う.

$$V_{e'} = \frac{S_H + S_e}{\phi_H + \phi_e} = \frac{6.569 + 8.151}{2 + 10} = 1.23 \qquad \phi_{e'} = 12$$

したがって,$\hat{\mu}(I_3J_1K_1L_1M_1) \pm t(\phi e', 0.05)\sqrt{\dfrac{V_{e'}}{n_e}}$

$$= 74.31 \pm t(12, 0.05)\sqrt{\frac{1.23 \times 5}{9}}$$

$$= 74.31 \pm 2.179 \times 0.82664 = 74.31 \pm 1.80 \ (\%)$$

∴ $72.51 \leq \mu(I_3J_1K_1L_1M_1) \leq 76.11$ (%)

(5) 有意になった個々の平均値と最適実験条件の平均値のグラフ化

$$\bar{x}_{J_1} = 70.0 + \frac{142}{9} \times \frac{1}{10} = 71.6 \ (\%)$$

$$\bar{x}_{L_1} = 70.0 + \frac{54}{9} \times \frac{1}{10} = 70.6 \ (\%)$$

6.6　3水準系 $L_{27}(3^{13})$ 型の活用例

$$\bar{x}_{M_1} = 70.0 + \frac{96}{9} \times \frac{1}{10} = 71.1\ (\%)$$

$$\bar{x}_{(JK)_{31}} = 70.0 + \frac{40}{3} \times \frac{1}{10} = 71.3\ (\%)$$

$$\bar{x}_{(I_3J_1K_1L_1M_1)} = 74.31\ (\%)$$

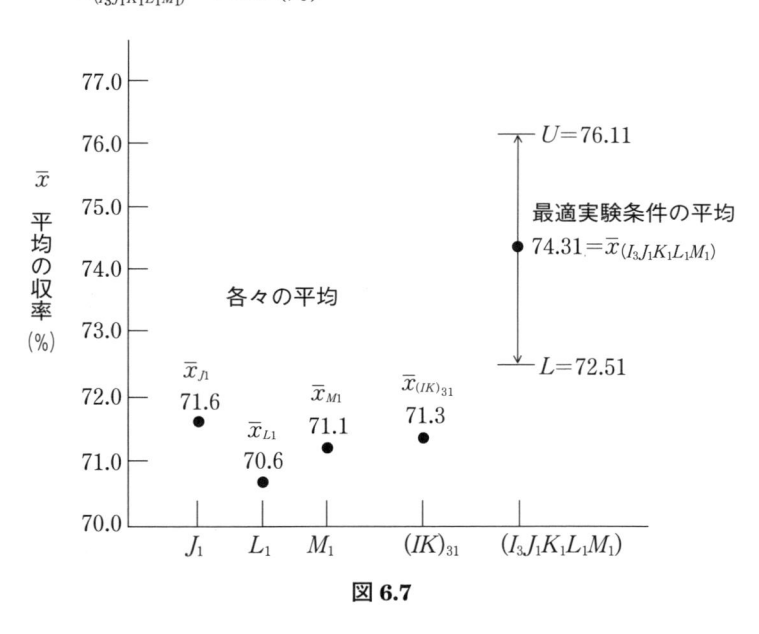

図 **6.7**

演習問題

問 1

次の文章の空白欄 □ に下の選択肢から適切なものを選び解答欄に記せ．

検定を行うとき，$N(\mu, \sigma^2)$ の母集団から n_1 個のサンプルを取り，その平均値 $\bar{x}$ とするとき，その統計量は (a) は $N(0, 1^2)$ の分布に従うが，母分散 σ_1^2 がわからないときは，統計量を求めることができない．そこで，σ_1^2 の推定値として不偏分散 V_1 を用いて，統計量 (b) を求めると，その自由度 = (c) の (d) に従う．これらの統計量は (e) に用いることができる．

また，$\sum \dfrac{(x_i - \mu)^2}{\sigma^2}$ は自由度 (f) の (g) に従う．

二つの正規母集団から n_1，n_2 個のサンプルより不偏分散 V_1，V_2 を求め，その比 (V_1/V_2) は自由度 (h) の (i) に従う．

この統計量は (j) に用いることができる．

〈選択肢〉
① 正規分布　② F 分布　③ t 分布　④ χ^2 分布　⑤ 平均値
⑥ 分散　⑦ 大きさ　⑧ 平均値に関する検定　⑨ 分散に関する検定　⑩ n_1　⑪ $n_1 - 1$　⑫ $n_2 - 1$　⑬ n_1, n_2
⑭ $(n_1 - 1, n_2 - 1)$　⑮ $\dfrac{\bar{x} - \mu}{\sigma/n_1}$　⑯ $\dfrac{\bar{x} - \mu}{\sigma/\sqrt{n_1}}$　⑰ $\sum \dfrac{x_i - \mu}{\sigma/\sqrt{n_1}}$
⑱ $\dfrac{\bar{x} - \mu}{\sqrt{V_1}/\sqrt{n_1}}$　⑲ $\dfrac{\bar{x} - \mu}{\sqrt{V_1/n_1}}$

問 2

工業薬品を作っている会社で，従来の第2酸化鉄(Fe_2O_3)の製造法では鉄(Fe)の含有量は平均97.250％で，その標準偏差は0.215％であった．いま工程の一部（簡易法）を変更し，1日1ロットを10ロットについて測定したらその平均値は97.347％であった．

ただし，標準偏差は変わりないものとする．

次の問に答えよ．

(1) 製品の鉄の含有量の平均値は工程の変更によって変化したといえるか．（変化していなければ今後，工程は簡易法で行いたい．）

(2) 簡易法の母平均を信頼率95％にて区間推定を行え．

問 3

ある玩具メーカではA製品の加工から組立まで，平均50.1（分）ぐらいかかっている．時間短縮をはかるため要因解析を行い工程の一部を改善し，次のようなデータが得られた．

　　データ：46, 38, 51, 41, 49, 43, 42, 55　（分）

改善の効果があったといえるか検討せよ．

問 4

ある製品質量（kg）を1日4個ずつ，30日間の$\overline{X}-R$管理図を作った．管理図を見ると大体，管理状態である．このとき$\overline{\overline{X}}=10.29$，$\overline{R}=2.5$であった．現在より更にばらつきを小さくするために技術改善を行い試料を10個とったら次のような結果が得られた．

　　　11.0　10.5　10.0　10.3　9.8　9.5　10.8　9.9　10.6　10.7　（kg）

次の問に答えよ．ただし，$\hat{\sigma}=\overline{R}/d_2$とする．また，$d_2$は付表5参照．

(1) 技術改善の効果があったといえるか．

(2) このばらつきを信頼率95％にて推定せよ．

問 5

ある電子部品を A 社と B 社で外注加工させている.
納期管理の一端として，両者の納期を調べたら次のとおりであった.
A 社と B 社とに納期のばらつきに違いがあるといえるか検討せよ.

単位 日

A 社	9.5	10.2	11.0	10.6	8.6	9.0	10.9	8.4	10.0	8.0	—
B 社	10.7	10.7	11.2	9.5	12.5	12.0	11.5	11.0	10.5	12.2	10.0

問 6

問 5 にて，B 社より A 社のほうが平均，納期が短いように思われる.
確認せよ. また，A 社の平均納期を信頼率 95% にて推定せよ.

問 7

測定者が A, B 2 名おり，測定者によって，測定に差があるかどうか調べたい.
そこで，ある電気部品の内径 (mm) を 8 個の試料について，2 人が測ったら
次のようになった. 測定者間に差があるといえるか. また，測定者の差を信頼
率 95% にて推定せよ.

試 料	1	2	3	4	5	6	7	8
測定者 A	4.87	5.24	4.92	4.82	5.06	5.10	5.00	4.89
測定者 B	4.78	5.03	4.81	4.85	4.86	5.00	4.90	4.91

問 8

あるガラス工場で特殊のガラス製品の不適合品率は従来 12% であった. 装置の一部を変更したところ，80 個の製品中 9 個の不適合品が生じたが，従来より変更の効果があったといえるかを正規近似法にて検討せよ.

問 9

A 織機, B 織機における適合品反数と不適合品反数は次のとおりである．両織機の不適合品率の間に差があるといえるかを次の問にて答えよ．

(1) 正規近似による方法
(2) 分割表による方法
(3) A, B のうち, 不適合品率の少ないほうの母不適合品率を信頼率 95 % にて区間推定せよ．

	A 織機	B 織機	計
適合反	88	70	158
不適合反	14	24	38
計	102	94	196

問 10

A, B, C, D 4 社から購入した原料を検査した．1 級品, 2 級品, 3 級品のそれぞれに分けた結果は次のとおりである．これらの原料は各社とも各等級に出現する確率は同等と見なしてよいか．（各社ごとに差があるといえるか．）

等級＼社	A	B	C	D	計
1	14	11	17	11	53
2	7	9	17	8	41
3	28	13	12	19	72
計	49	33	46	38	166

また，C 社で 1 級品のできる確率を信頼率 95 % にて区間推定せよ．

これは，従来は A 社からのみ購入していた．生産高の増加を目的とし, B, C, D 社からも購入したい．検討せよ．

問 11

ある化学薬品にはいろいろな成分が混在している．

このうち，X 成分（mg）に対する Y 成分（％）の関係を調べる目的で，対になったデータ 24 組について測った．その結果は表 1 のようになった．

表 1　データ

i	x_i	y_i	i	x_i	y_i	i	x_i	y_i
1	6.3	4.9	9	6.3	3.5	17	5.5	4.3
2	6.4	4.4	10	6.8	3.4	18	6.1	4.4
3	7.4	2.6	11	4.8	4.2	19	4.8	6.1
4	3.6	7.2	12	4.1	5.0	20	5.3	6.8
5	3.3	6.4	13	2.6	7.6	21	4.8	5.1
6	7.3	3.1	14	2.7	7.2	22	3.9	5.9
7	6.8	3.6	15	5.9	5.1	23	4.3	6.4
8	3.1	5.6	16	5.3	5.6	24	4.4	7.2

次の問に答えよ．

(1) 散布図を書け．

(2) 相関の符号検定を行え．

(3) 相関係数（r）及び寄与率（r^2）を求めよ．

(4) 相関係数の検定を行え．

(5) x に対する y の回帰式を求め，$x_1=3.0$（mg）のときの y_1（％）及び $x_2=7.0$（mg）のときの y_2（％）を求め，散布図に回帰直線を引け．

(6) また，X 成分 $x_3=4.0$（mg）のときの Y 成分 y_3（％）を求めよ．

問 12

ある部品加工(外径)寸法(mm)を調べるため,1日4個ずつ6日間(月,火,水,木,金,土)のデータを取ったら次のようになった.

曜日が変わることによって寸法の違いがあるといえるか検討せよ.

原　表

単位　mm

週	曜日	x_1	x_2	x_3	x_4
一週目	月	16.010	16.015	16.030	16.035
	火	16.015	16.020	16.025	16.035
	水	16.020	16.025	16.030	16.040
	木	16.020	16.030	16.035	16.040
	金	16.030	16.040	16.045	16.050
	土	16.025	16.035	16.040	16.050

注　計算の簡易化により,$X_i = (x_i - 16.000) \times 1000$ の数値変換をするとよい.

問 13

問12で1日4個ずつ取っているデータについて調べてみたら,9時から2時間おきに1個ずつ取っていた(連続生産を行っている).すなわち,$x_1 = 9:00$,$x_2 = 11:00$,$x_3 = 13:00$,$x_4 = 15:00$ に各1個ずつ取っていたことになる.曜日ごと及び時間ごとについて違いがあるといえるか検討せよ.

問 14

ある合成反応において,反応温度と触媒の種類とが合成物の収量にどのような影響を及ぼすかを調べるために反応温度を 140℃,160℃,180℃,200℃,220℃ の5水準を,触媒4種類 (B_1, B_2, B_3, B_4) を用い $A_i B_j$ をランダムに実験を行った.その結果は下表のとおりである.

分散分析を行い検討せよ.ただし,値は大きいほうがよい.

演習問題

単位 %

i \ j	B_1	B_2	B_3	B_4
A_1 (140℃)	70	75	67	68
A_2 (160℃)	79	82	79	76
A_3 (180℃)	80	86	78	74
A_4 (200℃)	77	83	73	71
A_5 (220℃)	81	84	80	77

問 15 ···

粉末冶金工程にて，粉末原料を加圧成型し，熱処理を行う工程がある．そこで熱処理後の製品寸法（mm）が成型圧力と熱処理温度とにどのような影響があるかを検討するため，次のような実験を行った．

まず，加圧成型圧力には単位当たり，

$A_1 = 1\,000$ kgf/cm^2, $A_2 = 2\,000$ kgf/cm^2, $A_3 = 3\,000$ kgf/cm^2

の3水準，また熱処理温度では，

$B_1 = 900$℃ $\times 2$ h, $B_2 = 1\,000$℃ $\times 2$ h, $B_3 = 1\,100$℃ $\times 2$ h

の3水準を取り，繰返し $r=2$ 回ずつ行い，計18回の実験をランダムに行った．

その結果は次のとおりである．分散分析を用い解析せよ．なお，値は小さいほうがよい．

データ x_{ijk}

単位 mm

j \ i	A_1	A_2	A_3
B_1	9.7 9.4	8.7 7.5	6.6 7.0
B_2	8.3 9.0	8.2 7.6	7.0 6.2
B_3	8.0 7.7	6.9 7.3	6.4 6.3

問 16

ある電子部品の強度を上げるため，パレート図や特性要因図などを用い要因の洗い出しを行った．主要因を $A \sim G$ の 7 種類を選び出し，表 1 の $L_{16}(2^{15})$ 型直交配列表に割り付け実験を行い，その結果は x_i のようになった．ただし，各因子は 2 水準である．

また，交互作用は，$A \times B$，$A \times D$，$B \times D$，$A \times F$，$A \times G$ の 5 種類について検出したい．

次の問に答えよ．

表 1 $L_{16}(2^{15})$ 型直交配列表

単位　kgf/cm²

列番 No.	1	2	3	4	5	6	7	8	9	10	11	12	13	14	15	データ x_i	x_i^2
1	1	1	1	1	1	1	1	1	1	1	1	1	1	1	1	4.1	16.81
2	1	1	1	1	1	1	1	2	2	2	2	2	2	2	2	7.6	57.76
3	1	1	1	2	2	2	2	1	1	1	1	2	2	2	2	5.2	27.04
4	1	1	1	2	2	2	2	2	2	2	2	1	1	1	1	2.8	7.84
5	1	2	2	1	1	2	2	1	1	2	2	1	1	2	2	3.0	9.00
6	1	2	2	1	1	2	2	2	2	1	1	2	2	1	1	5.8	33.64
7	1	2	2	2	2	1	1	1	1	2	2	2	2	1	1	5.0	25.00
8	1	2	2	2	2	1	1	2	2	1	1	1	1	2	2	2.5	6.25
9	2	1	2	1	2	1	2	1	2	1	2	1	2	1	2	3.4	11.56
10	2	1	2	1	2	1	2	2	1	2	1	2	1	2	1	8.0	64.00
11	2	1	2	2	1	2	1	1	2	1	2	2	1	2	1	5.7	32.49
12	2	1	2	2	1	2	1	2	1	2	1	1	2	1	2	1.8	3.24
13	2	2	1	1	2	2	1	1	2	2	1	1	2	2	1	3.3	10.89
14	2	2	1	1	2	2	1	2	1	1	2	2	1	1	2	5.4	29.16
15	2	2	1	2	1	1	2	1	2	2	1	2	1	1	2	4.7	22.09
16	2	2	1	2	1	1	2	2	1	1	2	1	2	2	1	0.9	0.81
基本標示	a	a b	a b	a 　 c	a b c	a b c d	a 　 　 d	a 　 　 d	a b 　 d	a b 　 d	a 　 c	a 　 c d	a b c	a b c d	a 　 　 d	69.2	357.58
因子の割付け	A	B		D				C		F		E			G	Σx_i	Σx_i^2

(1) 表1の空白を埋めよ．
(2) 線点図を作れ．
(3) 表 6.12（p.142）に習って補助表を作れ．
(4) 分散分析表を作れ．
(5) 最適実験条件を推定せよ．ただし，値は大きいほうがよい．

演習問題解答

問 1

(a) ⑯ $\dfrac{\overline{x}-\mu}{\sigma/\sqrt{n_1}}$ (g) ④ χ^2 分布

(b) ⑱ $\dfrac{\overline{x}-\mu}{\sqrt{V_1}/\sqrt{n_1}}$ (h) ⑭ $(n_1-1,\ n_2-1)$

(c) ⑪ n_1-1 (i) ② F 分布

(d) ③ t 分布 (j) ⑨ 分散に関する検定

(e) ⑧ 平均値に関する検定

(f) ⑩ n_1

問 2

(1) $H_0: \mu=\mu_0$ $H_1: \mu \neq \mu_0$ （両側検定） $\sigma=0.215\%$（既知）

$$u_0=\dfrac{\overline{x}-\mu}{\sigma/\sqrt{n}}=\dfrac{97.347-97.250}{0.215/\sqrt{10}}=\dfrac{0.097}{0.068}=1.426<k_{0.025}=1.960$$

したがって，有意水準 5%にて有意差なし（H_0 採択）．

すなわち，平均値は工程の変更によって変化したとはいえない．今後，工程は簡易法を採用してもよい．

(2) $\overline{x} \pm k_{0.025} \dfrac{\sigma}{\sqrt{n}} = 97.347 \pm 1.960 \dfrac{0.215}{\sqrt{10}} = 97.347 \pm 0.133$

∴ $97.214\% \leq \mu \leq 97.480\%$

問 3

この問題は σ が未知のため，t 検定にて，片側の小さいほうで行う．

検 定

作業時間
単位 分

i	x_i	x_i^2
1	46	2 116
2	38	1 444
3	51	2 601
4	41	1 681
5	49	2 401
6	43	1 849
7	42	1 764
8	55	3 025
計	365	16 881
	Σx_i	Σx_i^2

① $\overline{x} = \dfrac{\Sigma x_i}{n} = \dfrac{365}{8} = 45.6$ （分）

② $S = \Sigma x_i^2 - \dfrac{(\Sigma x_i)^2}{n} = 16\,881 - \dfrac{(365)^2}{8} = 227.88$

③ $V = \dfrac{S}{n-1} = \dfrac{227.88}{8-1} = 32.55$

④ $H_0 : \mu_0 = \mu \qquad H_1 : \mu_0 > \mu$ （片側検定）

⑤ $t_0 = \dfrac{\overline{x} - \mu}{\sqrt{V/n}} = \dfrac{45.6 - 50.1}{\sqrt{32.55/8}} = \dfrac{-4.5}{2.017} = -2.23^*$

$\phi = n - 1 = 8 - 1 = 7$

⑥ $t(7, 0.10) = -1.895 \qquad t(7, 0.02) = -2.998$

∴ $t(7, 0.10) = -1.895 > t_0 = -2.23 > t(7, 0.02) = -2.998$

したがって，有意水準5%にて改善の効果があったといえる．（H_1 採択）

推　定

① 点推定　　$\hat{\mu} = \overline{x} = 45.6$（分）

② 区間推定　$\overline{x} \pm t(7, 0.05)\sqrt{V/n} = 45.6 \pm 2.365 \times 2.017$
$$= 45.6 \pm 4.77 \text{（分）}$$

∴　$40.83 \leqq \mu \leqq 50.37$（分）

問 4

σ 既知の場合の分散の検定（片側検定）

製品質量

単位　kg

i	x_i	x_i^2
1	11.0	121.00
2	10.5	110.25
3	10.0	100.00
4	10.3	106.09
5	9.8	96.04
6	9.5	90.25
7	10.8	116.64
8	9.9	98.01
9	10.6	112.36
10	10.7	114.49
T	103.1	1 065.13
	$\sum x_i$	$\sum x_i^2$

検　定

① $\hat{\sigma} = \dfrac{\overline{R}}{d_2} = \dfrac{2.5}{2.059} = 1.21$　　$n=4$ の $d_2 = 2.059$

② $S = \sum x_i^2 - \dfrac{(\sum x_i)^2}{n} = 1\,065.13 - \dfrac{(103.1)^2}{10} = 2.169$

③ $\chi_0^2 = \dfrac{S}{\sigma^2} = \dfrac{2.169}{(1.21)^2} = 1.48^{**}$　　$\phi = n-1 = 10-1 = 9$

④　$H_0 : \sigma_0^2 = \sigma^2$　　　$H_1 : \sigma_0^2 > \sigma^2$　（片側検定）

∴　$\chi_0^2 = 1.48 < \chi^2(9, 0.95) = 3.33$
　　　　　　　$< \chi^2(9, 0.99) = 2.09$

⑤　有意水準1%にて有意．（H_1 採択）改善効果あり．

推　定

①　点推定　$\hat{\sigma}^2 = V = \dfrac{S}{\phi} = \dfrac{2.169}{9} = 0.241 \ (\text{kg})^2$

　　　［標準偏差：$\sigma = \sqrt{0.241 \ (\text{kg})} = 0.491 \ (\text{kg})$］

②　区間推定　$\dfrac{S}{\chi^2(9, 0.025)} < \sigma^2 < \dfrac{S}{\chi^2(9, 0.975)}$

　　∴　$\dfrac{2.169}{19.02} \leqq \sigma^2 \leqq \dfrac{2.169}{2.70}$　　∴　$0.114 \leqq \sigma^2 < 0.803 \ (\text{kg})^2$

問 5

σ が未知の場合の分散の検定　（両側検定）

部品納期

単位　日

i	x_A	x_A^2	x_B	x_B^2
1	9.5	90.25	10.7	114.49
2	10.2	104.04	10.7	114.49
3	11.0	121.00	11.2	125.44
4	10.6	112.36	9.5	90.25
5	8.6	73.96	12.5	156.25
6	9.0	81.00	12.0	144.00
7	10.9	118.81	11.5	132.25
8	8.4	70.56	11.0	121.00
9	10.0	100.00	10.5	110.25
10	8.0	64.00	12.2	148.84
11	—	—	10.0	100.00
T	96.2	935.98	121.8	1 357.26
	Σx_A	Σx_A^2	Σx_B	Σx_B^2

検　定

① $S_A = \sum x_A{}^2 - \dfrac{(\sum x_A)^2}{n_A} = 935.98 - \dfrac{(96.2)^2}{10} = 10.536$

　　$S_B = \sum x_B{}^2 - \dfrac{(\sum x_B)^2}{n_B} = 1357.26 - \dfrac{(121.8)^2}{11} = 8.602$

② $V_A = \dfrac{S_A}{\phi_A} = \dfrac{10.536}{9} = 1.17 \qquad \therefore \quad \phi_A = n_A - 1 = 10 - 1 = 9$

　　$V_B = \dfrac{S_B}{\phi_B} = \dfrac{8.602}{10} = 0.86 \qquad \therefore \quad \phi_B = n_B - 1 = 11 - 1 = 10$

③ $H_0 : \sigma_A{}^2 = \sigma_B{}^2 \qquad H_1 : \sigma_A{}^2 \neq \sigma_B{}^2$ （両側検定）

④ $F_0 = \dfrac{V_A}{V_B} = \dfrac{1.17}{0.86} = 1.360 < F_{10}^{9}(0.025) = 3.78$

　　$\therefore \quad V_A > V_B$

⑤ 有意水準5%にて有意でない．（H_0 採択）ゆえに両者のばらつきに違いがあるとはいえない．（等分散性が成立する．）

問 6

問5より両者は等分散であるため平均値（$\overline{x}_A$, $\overline{x}_B$）の差の検定及び推定を行う．

検　定

① $\overline{x}_A = \dfrac{\sum x_A}{n_A} = \dfrac{96.2}{10} = 9.62$ （日）

　　$\overline{x}_B = \dfrac{\sum x_B}{n_B} = \dfrac{121.8}{11} = 11.07$ （日）

② $V = \dfrac{S_A + S_B}{\phi_A + \phi_B} = \dfrac{10.536 + 8.602}{9 + 10} = \dfrac{19.138}{19} = 1.007 \fallingdotseq 1.01$

　　$\phi = \phi_A + \phi_B = 19$

③ $H_0 : \mu_A = \mu_B \qquad H_1 : \mu_A < \mu_B$ （片側検定）

④ $t_0 = \dfrac{\overline{x}_A - \overline{x}_B}{\sqrt{V[(1/n_A)+(1/n_B)]}} = \dfrac{9.62-11.07}{\sqrt{1.01[(1/10)+(1/11)]}} = \dfrac{-1.45}{0.439}$

$= -3.303^{**}$

⑤ $t_0 = -3.33 < t(19, 0.02) = -2.539$

⑥ 有意水準1%にて有意. (H_1 採択)

∴ B社よりA社のほうが納期が短いといえる.

A社の推定

① 点推定 $\hat{\mu}_A = \overline{x}_A = 9.62$ (日) $\phi_A = 9$

② 区間推定 $\overline{x}_A \pm t(9, 0.05)\sqrt{(V_A/n_A)} = 9.62 \pm 2.262\sqrt{(1.17/10)}$

$= 9.62 \pm 0.77$ (日)

∴ $8.85 \leq \mu_A \leq 10.39$ (日)

問7

対応のある2組 (A, B) の平均値の差の検定

部品内径寸法

単位 mm

No.	A者	B者	$D=A-B$	D^2
1	4.87	4.78	0.09	0.008 1
2	5.24	5.03	0.21	0.044 1
3	4.92	4.81	0.11	0.012 1
4	4.82	4.85	-0.03	0.000 9
5	5.06	4.86	0.20	0.040 0
6	5.10	5.00	0.10	0.010 0
7	5.00	4.90	0.10	0.010 0
8	4.89	4.91	-0.02	0.000 4
計			0.76	0.125 6

$n_D = 8$ 組 ΣD ΣD^2

検 定

① $\overline{D} = \dfrac{\Sigma D}{n_D} = \dfrac{0.76}{8} = 0.095$ (mm)

演習問題解答　　　　　　　　　　　　　　　　181

② $S_D = \sum D^2 - \dfrac{(\sum D)^2}{n_D} = 0.1256 - \dfrac{(0.76)^2}{8} = 0.0534$

③ $V_D = \dfrac{S_D}{\phi_D} = \dfrac{0.534}{7} = 0.007629$　　∵ $\phi_D = n_D - 1 = 8 - 1 = 7$

④ $H_0 : \mu_D = 0$　　　$H_1 : \mu_D \neq 0$　（両側検定）

⑤ $t_0 = \dfrac{\overline{D}}{\sqrt{(V_D/n_D)}} = \dfrac{0.095}{\sqrt{(0.007629/8)}} = \dfrac{0.095}{0.0309}$

$= 3.07^* > t(7, 0.05) = 2.365$
$< t(7, 0.01) = 3.499$

⑥ 有意水準5％にて有意である．（H_1採択）
A，B両者は作業標準を守り，個人差のないように心がけること．（アクト）

推　定

① 点推定　$\hat{\mu}_D = \overline{D} = 0.095$ (mm)
② 区間推定　$\overline{D} \pm t(7, 0.05)\sqrt{(V_D/n_D)} = 0.095 \pm 2.365 \times 0.0309$
$= 0.095 \pm 0.073$ (mm)
∴　$0.022 \leq \mu_D \leq 0.168$ (mm)

問 8

計数値の検定と点推定及び信頼度95％の区間推定

(1) 正規近似法（片側検定）

① $p_0 < 0.5$　　② $np_0 > 5$　　∴　$p_0 = 0.12$
∴　$np_0 = 80 \times 0.12 = 9.6$

したがって正規検定を行う．$H_0 : p_0 = p$　$H_1 : p_0 > p$　（片側）

$p = \dfrac{9}{80} = 0.1125$

$$u_0 = \frac{p - p_0}{\sqrt{\dfrac{p_0(1-p_0)}{n}}} = \frac{0.1125 - 0.12}{\sqrt{\dfrac{0.12(1-0.12)}{80}}} = -\frac{0.0075}{0.0363}$$

$$= -0.2066 > K_{0.05} = -1.645$$

有意水準 5%にて有意でない（H_0 採択）

したがって，変更の効果があったとはいえない．

（不適合品率を下げるべく再検討を要す．）

(2) 信頼度 95%の区間推定

① 点推定　$\hat{P} = p = 0.1125 \rightarrow 11.25$（%）

② 区間推定　$p \pm K_{0.025} \sqrt{\dfrac{p(1-p)}{n}}$

$$0.1125 \pm 1.960 \sqrt{\dfrac{0.1125(1-0.1125)}{80}} = 0.1125 \pm 0.0692$$

$$0.0433 \leq P \leq 0.1817 \quad \therefore \quad 4.33 \leq P \leq 18.17 \text{（\%）}$$

問 9

正規近似法及び分割表による検定と推定

(1) 正規近似（両側検定）

① $p < 0.5$　$\therefore$　$p_A = \dfrac{14}{102} = 0.137$　　$p_B = \dfrac{24}{94} = 0.255$

$$\bar{p} = \frac{14 + 24}{102 + 94} = \frac{38}{196} = 0.194$$

② $np > 5$　$n_A p_A = 14$　$n_B p_B = 24$　$n\bar{p} = 38$

したがって正規検定を行う．　$H_0 : p_A = p_B$　　$H_1 : p_A \neq p_B$　　両側検定

$$u_0 = \frac{|p_A - p_B|}{\sqrt{\bar{p}(1-\bar{p})\left(\dfrac{1}{n_A} + \dfrac{1}{n_B}\right)}} = \frac{|0.137 - 0.255|}{\sqrt{0.194(1-0.194)\left(\dfrac{1}{102} + \dfrac{1}{94}\right)}}$$

$$= \frac{0.118}{0.0565} = 2.088^* > K_{0.025} = 1.960$$

$< K_{0.005} = 2.576$

∴ 有意水準5%にて有意である（H_1 採択）．

すなわち，両織機間の不適合品率に差があるといえる．

(2) 分割表による検定

$H_0 : p_A = p_B$　　　$H_1 : p_A \neq p_B$

両側検定

$\phi = (l-1)(m-1) = (2-1)(2-1) = 1$

x_{ij}

i \ j	A	B	計
適合	88	70	158
不適合	14	24	38
計	102	94	196

X_{ij}

i \ j	A	B	計
適合	82.2	75.8	158.0
不適合	19.8	18.2	38.0
計	102.0	94.0	196.0

$$\chi_0^2 = \frac{\sum\sum(x_{ij}-X_{ij})^2}{X_{ij}} = \frac{(88-82.2)^2}{82.2} + \frac{(70-75.8)^2}{75.8}$$

$$+ \frac{(14-19.8)^2}{19.8} + \frac{(24-18.2)^2}{18.2}$$

$\chi_0^2 = 0.41 + 0.44 + 1.70 + 1.85 = 4.40^* > \chi^2(1, 0.05) = 3.84$
$ < \chi^2(1, 0.01) = 6.63$

結果は同一である．（有意水準5%有意）

(3) $p_A < p_B$ である．したがって p_A を推定する．

$$p_A \pm K_{0.025}\sqrt{\frac{p_A(1-p_A)}{n_A}} = 0.137 \pm 1.960\sqrt{\frac{0.137(1-0.137)}{102}}$$

$$= 0.137 \pm 0.067$$

$0.070 \leq P_A \leq 0.204$　　∴　$7\% \leq P_A \leq 20.4\%$

問 10

3×4 の分割表により χ^2 検定及び C 社の 1 級品のできる推定

x_{ij}

i \ j	A	B	C	D	計
1	14	11	17	11	53
2	7	9	17	8	41
3	28	13	12	19	72
計	49	33	46	38	166

X_{ij}

i \ j	A	B	C	D	計
1	15.6	10.5	14.7	12.1	52.9
2	12.1	8.2	11.4	9.4	41.1
3	21.3	14.3	19.9	16.5	72.0
計	49.0	33.0	46.0	38.0	166.0

$(x_{ij}-X_{ij})$

i \ j	A	B	C	D	計
1	−1.6	0.5	2.3	−1.1	0.1
2	−5.1	0.8	5.6	−1.4	−0.1
3	6.7	−1.3	−7.9	2.5	0
計	0	0	0	0	0

$(x_{ij}-X_{ij})^2/X_{ij}$

i \ j	A	B	C	D	計
1	0.16	0.02	0.36	0.10	0.64
2	2.15	0.08	2.75	0.21	5.19
3	2.11	0.12	3.14	0.38	5.75
計	4.42	0.22	6.25	0.69	11.58 $=\chi_0^2$

$$\chi_0^2 = \frac{\Sigma\Sigma(x_{ij}-X_{ij})^2}{X_{ij}}$$

$H_0 : p_A=p_B=p_C=p_D$ $H_1 : p_A \neq p_B \neq p_C \neq p_D$

$\chi_0^2 = 11.58 < \chi^2(6, 0.05) = 12.59$ $\phi=(3-1)(4-1)=6$

この程度では差があるとはいえない.   有意水準 5% にて有意でない.

C 社の 1 級品のできる確率

$p_C=0.37$, $n_C=46$ ($p_C=0.37<0.5$, $n_C p_C=17>5$) 正規近似 (OK)

$$\therefore \quad p_C \pm k_{0.025}\sqrt{\frac{p_C(1-p_C)}{n_C}} = 0.37 \pm 1.960\sqrt{\frac{0.37(1-0.37)}{46}} = 0.37 \pm 0.14$$

$0.23 \leq P_C \leq 0.51$ $\therefore$ $23\% \leq P_C \leq 51\%$

この結果と他の条件(コスト, 納期等)を考慮して結論を出す.

統計的には A, B, C, D ともに同一と見なしてよい.

問 11

相関分析と回帰直線

(1) 散布図を書く ($n=24$ 組)

$x_S=2.6$　$x_L=7.4$　$y_S=2.6$　$y_L=7.6$

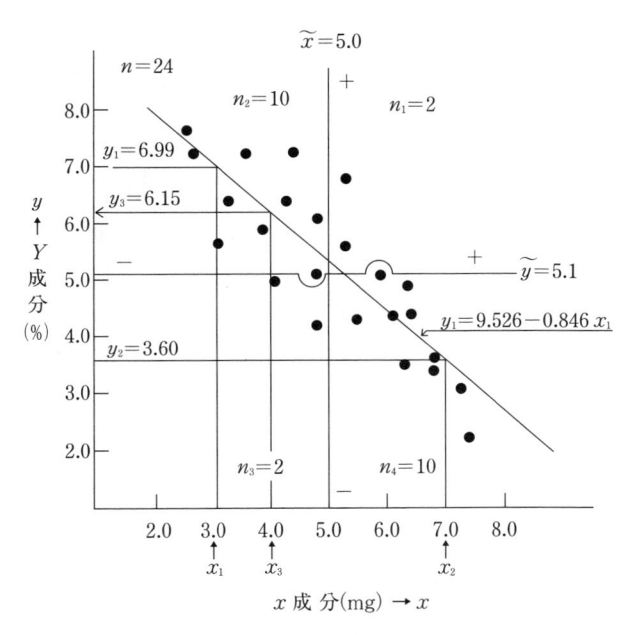

図 1　散　布　図

(2) 符号検定

$\widetilde{x}=5.0$(mg)　　$\widetilde{y}=5.1$(%)

$n_+=n_1+n_3=2+2=4$

$n_-=n_2+n_4=10+10=20$

(全体) $n_T=$　　　　24

$n_+<n_-$ にて $n_+=4$ で符号検定を行う．表 4.5 の符号検定表 (p.71) から $n_S(24, 0.05)=6$, $n_S(24, 0.01)=5$, $>n_+=4$ にて有意水準 $\alpha=1\%$ にて負相関あり．

(3) 相関係数（r）及び寄与率（r^2）を求める.
① 表 2 の相関係数計算表を作る.

表2 相関係数計算表

i	x_i	y_i	x_i^2	y_i^2	$x_i y_i$	i	x_i	y_i	x_i^2	y_i^2	$x_i y_i$
1	6.3	4.9	39.69	24.01	30.87	13	2.6	7.6	6.76	57.76	19.76
2	6.4	4.4	40.96	19.36	28.16	14	2.7	7.2	7.29	51.84	19.44
3	7.4	2.6	54.76	6.76	19.24	15	5.9	5.1	34.81	26.01	30.09
4	3.6	7.2	12.96	51.84	25.92	16	5.3	5.6	28.09	31.36	29.68
5	3.3	6.4	10.89	40.96	21.12	17	5.5	4.3	30.25	18.49	23.65
6	7.3	3.1	53.29	9.61	22.63	18	6.1	4.4	37.21	19.36	26.84
7	6.8	3.6	46.24	12.96	24.48	19	4.8	6.1	23.04	37.21	29.28
8	3.1	5.6	9.61	31.36	17.36	20	5.3	6.8	28.09	46.24	36.04
9	6.3	3.5	39.69	12.25	22.05	21	4.8	5.1	23.04	26.01	24.48
10	6.8	3.4	46.24	11.56	23.12	22	3.9	5.9	15.21	34.81	23.01
11	4.8	4.2	23.04	17.64	20.16	23	4.3	6.4	18.49	40.96	27.52
12	4.1	5.0	16.81	25.00	20.50	24	4.4	7.2	19.36	51.84	31.68
					合　計	121.8	125.6	665.82	705.20	597.08
						Σx_i	Σy_i	Σx_i^2	Σy_i^2	$\Sigma x_i y_i$

② 各平方和（S）

$$S_{xx} = \Sigma x_i^2 - \frac{(\Sigma x_i)^2}{n} = 665.82 - \frac{(121.8)^2}{24} = 47.685$$

$$S_{yy} = \Sigma y_i^2 - \frac{(\Sigma y_i)^2}{n} = 705.20 - \frac{(125.6)^2}{24} = 47.893$$

$$S_{xy} = \Sigma x_i y_i - \frac{(\Sigma x_i)(\Sigma y_i)}{n} = 597.08 - \frac{(121.8 \times 125.6)}{24} = -40.34$$

相関係数　$r_0 = \dfrac{S_{xy}}{\sqrt{S_{xx} S_{yy}}} = \dfrac{-40.34}{\sqrt{47.685 \times 47.893}} = -0.844$

寄与率　$(r_0)^2 = (-0.844)^2 = 0.712 \rightarrow 71.2\%$

(4) 相関係数 r の検定　$H_0: \rho = 0$　$H_1: \rho \neq 0$　$\phi = n - 2 = 24 - 2 = 22$

$\phi = 22$ の $\alpha = 0.05$　$r_{0.05} = \dfrac{-1.960}{\sqrt{\phi + 1}} = \dfrac{-1.960}{\sqrt{22 + 1}} = -0.409$

演習問題解答　　　　　　　　　　　　　　　187

$\phi=22$ の $\alpha=0.01$　　$r_{0.01}=\dfrac{-2.576}{\sqrt{\phi+3}}=\dfrac{-2.576}{\sqrt{22+3}}=-0.515$

∴ $r_0=-0.844^{**}<r_{0.01}=-0.515$ にて負相関が $\alpha=1\%$ であり（H_1 採択）．

(5) 回帰式を作り散布図に入れる．（p.75 の作図法の式より）

$y_i=a+bx_i$　　$a=\overline{y}-b\overline{x}$　　$b=(S_{xy}/S_{xx})$

$\overline{x}=\dfrac{\Sigma x_i}{n}=\dfrac{121.8}{24}=5.075$ (mg)　　$\overline{y}=\dfrac{\Sigma y_i}{n}=\dfrac{125.6}{24}=5.233$ (%)

$b=\dfrac{-40.34}{47.685}=-0.846$

∴ $a=5.233+0.846\times5.075=9.526$　　∴ $y_i=9.526-0.846x_i$

$x_1=3.0$ (mg) のとき　$y_1=9.526-0.846\times3.0=6.99$ (%)

$x_2=7.0$ (mg) のとき　$y_2=9.526-0.846\times7.0=3.60$ (%)

(6) $x_3=4.0$ (mg) のとき　$y_3=9.526-0.845\times4.0=6.15$ (%) となる．

問 12

実験計画法：一元配置

$X_i=(x_i-16.000)\times1\,000$

A \ r		x_1	x_2	x_3	x_4	T_{Ai}	$\Sigma\Sigma X_{ij}$
A_1	月	10	15	30	35	90	
A_2	火	15	20	25	35	95	
A_3	水	20	25	30	40	115	740
A_4	木	20	30	35	40	125	
A_5	金	30	40	45	50	165	
A_6	土	25	35	40	50	150	

X_i^2

A \ r	x_1	x_2	x_3	x_4	$\Sigma\Sigma X_{ij}^2$
A_1	100	225	900	1 225	
A_2	225	400	625	1 225	
A_3	400	625	900	1 600	25 550
A_4	400	900	1 225	1 600	
A_5	900	1 600	2 025	2 500	
A_6	625	1 225	1 600	2 500	

等分散検定　$R_1=25$, $R_2=20$, $R_3=20$, $R_4=20$, $R_5=20$, $R_6=25$, $\Sigma R=130$, $\overline{R}=21.7$, $D_4\overline{R}=2.282\times21.7=49.5>R_i$　　ただし，$n=4$ の $D_4=2.282$
したがって等分散とみなす．

A の水準 $a=6$　　繰返しの数 $r=4$ とする．

$$S_T = \Sigma\Sigma X_{ij}^2 - \frac{(\Sigma\Sigma X_{ij})^2}{ar} = 25\,550 - \frac{(740)^2}{24} = 25\,550 - 22\,816.7 = 2\,733.3$$

$\phi_T = ar - 1 = 6 \times 4 - 1 = 23$

$$S_A = \frac{1}{r}\left[T_{A_1}^2 + T_{A_2}^2 + T_{A_3}^2 + T_{A_4}^2 + T_{A_5}^2 + T_{A_6}^2\right] - CT$$

$$= \frac{1}{4}(90^2 + 95^2 + 115^2 + 125^2 + 165^2 + 150^2) - 22\,816.7$$

$$= \frac{1}{4} \times 95\,700 - 22\,816.7 = 23\,925 - 22\,816.7 = 1\,108.3$$

$\phi_A = a - 1 = 6 - 1 = 5$

$S_e = S_T - S_A = 2\,733.3 - 1\,108.3 = 1\,625.0$　　　$\phi_e = \phi_T - \phi_A = 23 - 5 = 18$

$H_0 : \sigma_A^2 = 0$　　　$H_1 : \sigma_A^2 > 0$

分散分析表

要因	S	ϕ	V	F_0	$F_{18}^{5}(0.05)$	$F_{18}^{5}(0.01)$
A	1 108.3	5	221.66 ⎫	2.46<	2.77	4.25
e	1 625.0	18	90.28 ⎭			
T	2 733.3	23				

有意水準 5% で有意でない．曜日によって違いがあるといえない．（H_0 採択）

〈参考〉各 A 水準の母平均の推定（元の値に戻して計算する．）

① 点推定　$\hat{\mu}_{A_1} = \overline{x}_{A_1} = 16.000 + \dfrac{90}{4} \times \dfrac{1}{1\,000} = 16.022\,5$ （mm）

$\hat{\mu}_{A_2} = \overline{x}_{A_2} = 16.000 + \dfrac{95}{4} \times \dfrac{1}{1\,000} = 16.023\,8$ （mm）

$\hat{\mu}_{A_3} = \overline{x}_{A_3} = 16.000 + \dfrac{115}{4} \times \dfrac{1}{1\,000} = 16.028\,8$ （mm）

$\hat{\mu}_{A_4} = \overline{x}_{A_4} = 16.000 + \dfrac{125}{4} \times \dfrac{1}{1\,000} = 16.031\,3$ （mm）

$$\hat{\mu}_{A_5} = \overline{x}_{A_5} = 16.000 + \frac{165}{4} \times \frac{1}{1\,000} = 16.041\,3 \text{ (mm)}$$

$$\hat{\mu}_{A_6} = \overline{x}_{A_6} = 16.000 + \frac{150}{4} \times \frac{1}{1\,000} = 16.037\,5 \text{ (mm)}$$

② 区間推定

$$\overline{x}_{A_i} \pm t(18,\ 0.05)\sqrt{\frac{V_e}{r}} \times \frac{1}{h} = \overline{x}_{A_i} \pm 2.101 \times \sqrt{\frac{90.28}{4}} \times \frac{1}{1\,000}$$
$$= \underline{\overline{x}_{A_i} \pm 0.01} \text{ (mm)}$$

問 13

問 12 の繰返しを因子 B_j (B_1, B_2, B_3, B_4) とし,二元配置とした場合

$T_{B_1}=120 \quad T_{B_2}=165 \quad T_{B_3}=205 \quad T_{B_4}=250 \quad B$ の水準 $b=4$

$$S_B = \frac{1}{a}\left[T_{B_1}{}^2 + T_{B_2}{}^2 + T_{B_3}{}^2 + T_{B_4}{}^2\right] - CT$$

$$= \frac{1}{6}\left[(120)^2 + (165)^2 + (205)^2 + (250)^2\right] - 22\,816.7$$

$$= \frac{1}{6} \times 146\,150 - 22\,816.7 = 1\,541.6$$

$\phi_B = b - 1 = 4 - 1 = 3$

$S_e = S_T - S_A - S_B = 2\,733.3 - 1\,108.3 - 1\,541.6 = 83.4$

$\phi_e = \phi_T - \phi_A - \phi_B = 23 - 5 - 3 = 15$

$H_0 : \sigma_A{}^2 = 0,\ \sigma_B{}^2 = 0 \qquad H_1 : \sigma_A{}^2 > 0,\ \sigma_B{}^2 > 0$

分 散 分 析 表

要因	S	ϕ	V	F_0	$F(0.05)$	$F(0.01)$
A	1 108.3	5	221.66	39.87**	2.90	4.56
B	1 541.6	3	513.87	92.42**	3.29	5.42
e	83.4	15	5.56			
T	2 733.3	23				

A, B ともに 1% 有意(H_1 採択)

A, B 各の平均値 $\overline{x}_{i\cdot}, \overline{x}_{\cdot j}$ の推定 $(a=6, b=4)$ （単位　mm）

A について　$\overline{x}_{1\cdot} = 16.0225$　　$\overline{x}_{2\cdot} = 16.0238$　　$\overline{x}_{3\cdot} = 16.0288$

$\overline{x}_{4\cdot} = 16.0313$　　$\overline{x}_{5\cdot} = 16.0413$　　$\overline{x}_{6\cdot} = 16.0375$

$$\overline{x}_{i\cdot} \pm t(\phi_e, 0.05) \sqrt{\frac{V_e}{b}} \frac{1}{h}$$

$$\therefore \pm t(15, 0.05) \sqrt{\frac{5.56}{4}} \frac{1}{1000}$$

$$\therefore \pm 2.131 \times 1.18 \times \frac{1}{1000}$$

$$\therefore \pm 0.0025 \text{ (mm)} \qquad \therefore \overline{x}_{i\cdot} \pm 0.0025 \text{ (mm)}$$

B について，$\overline{x}_{\cdot 1} = 16.000 + \frac{120}{6} \times \frac{1}{1000} = 16.02$

$\overline{x}_{\cdot 2} = 16.0275$　　$\overline{x}_{\cdot 3} = 16.0342$　　$\overline{x}_{\cdot 4} = 16.0417$

$$\therefore \overline{x}_{\cdot j} \pm t(\phi_e, 0.05) \sqrt{\frac{V_e}{a}} \frac{1}{h}$$

$$\therefore \pm t(15, 0.05) \sqrt{\frac{5.56}{6}} \frac{1}{1000} = \pm 2.131 \times 0.96 \times \frac{1}{1000}$$

$$\therefore \pm 0.0020 \text{ (mm)} \qquad \therefore \overline{x}_{\cdot j} \pm 0.0020 \text{ (mm)}$$

〈**参考**〉　今，仮に値が小さいほうを最適とするならば，最適条件は $A_1 B_2$ の組合せである．$\overline{x}_{A_1 B_1}$ を推定する．

点推定

$$\hat{\mu}_{A_1 B_1} = \overline{x}_{A_1 B_1} = x_0 + \left(\frac{T_{A_1}}{b} + \frac{T_{B_1}}{a} - \frac{T}{ab} \right) \frac{1}{b}$$

$$= 16.00 + \left(\frac{90}{4} + \frac{120}{6} - \frac{740}{24} \right) \frac{1}{1000} = 16.000 + 0.0117$$

$$\therefore \overline{x}_{A_1 B_1} = 16.0117 \text{ (mm)}$$

$$\frac{1}{n_e} = \frac{1}{b} + \frac{1}{a} - \frac{1}{ab} = \frac{1}{4} + \frac{1}{6} - \frac{1}{24} = \frac{9}{24}$$

∴ $\dfrac{1}{n_e} = \dfrac{9}{24}$

区間推定

$$\overline{x}_{A_1B_1} \pm t(\phi_e, 0.05)\sqrt{\dfrac{V_e}{n_e} \times \dfrac{1}{h}}$$

∴ $16.0117 \pm 2.131 \times \sqrt{\dfrac{5.56 \times 9}{24} \times \dfrac{1}{1000}} = 16.0117 \pm 0.0031$

$16.0086 \leqq \mu_{A_1B_1} \leqq 16.0148$ (mm)

問 14

繰返しのない二元配置

x_{ij} 表

単位 %

$i \diagdown j$	B_1	B_2	B_3	B_4	T_{Ai}	
A_1	70	75	67	68	280	T_{A1}
A_2	79	82	79	76	316	T_{A2}
A_3	80	86	78	74	318	T_{A3}
A_4	77	83	73	71	304	T_{A4}
A_5	81	84	80	77	322	T_{A5}
T_{Bj}	387	410	377	366	1540	
	T_{B1}	T_{B2}	T_{B3}	T_{B4}	$T = \Sigma\Sigma x_{ij}$	

$\Sigma\Sigma x_{ij}^2 = 70^2 + 75^2 + 67^2 + 68^2 + \cdots\cdots + 77^2 = 119110$

要因 A の水準　$a = 5$

要因 B の水準　$b = 4$

全体の実験 k 回数　$ab = 5 \times 4 = 20$

(1) 各平方和 S 及び自由度 ϕ

$CT = (T^2/ab) = (1540^2/5 \times 4) = 118580$

$S_T = \Sigma\Sigma x_{ij}^2 - CT = 119110 - 118580 = 530$

$\phi_T = ab - 1 = 5 \times 4 - 1 = 19$

$$S_A = \left[\frac{T_{A_1}^2 + T_{A_2}^2 + T_{A_3}^2 + T_{A_4}^2 + T_{A_5}^2}{b}\right] - CT$$

$$= \left[\frac{280^2 + 316^2 + 318^2 + 304^2 + 322^2}{4}\right] - 118580 = 290.0$$

$\phi_A = a - 1 = 5 - 1 = 4$

$$S_B = \left[\frac{T_{B_1}^2 + T_{B_2}^2 + T_{B_3}^2 + T_{B_4}^2}{a}\right] - CT$$

$$= \left[\frac{387^2 + 410^2 + 377^2 + 366^2}{5}\right] - 118580 = 210.8$$

$\phi_B = b - 1 = 4 - 1 = 3$

$S_e = S_T - (S_A + S_B) = 530.0 - (290.0 + 210.8) = 29.2$

$\phi_e = \phi_T - (\phi_A + \phi_B) = 19 - (4 + 3) = 12$

(2) 分散分析表を作る.

$H_0 : \sigma_A^2 = 0 \qquad H_1 : \sigma_A^2 > 0$

$H_0 : \sigma_B^2 = 0 \qquad H_1 : \sigma_B^2 > 0$

分 散 分 析 表

要因	S	ϕ	V	F_0	$F(0.05)$	$F(0.01)$
A	290.0	4	72.5	30.2**	3.26	5.41
B	210.8	3	70.3	29.3**	3.49	5.95
e	29.2	12	2.4			
T	530.0	19				

要因 A, B ともに有意水準 1% で有意である.

(A, B ともに H_1 採択)

(3) 各平均値 $\bar{x}$ と信頼区間幅

$t(\phi_e, 0.05) = t(12, 0.05) = 2.179 \quad V_e = 2.4$

$A : \bar{x}_{A_1} = (280/4) = 70.0$

$\overline{x}_{A_2} = (316/4) = 79.0$

$\overline{x}_{A_3} = (318/4) = 79.5$

$\overline{x}_{A_4} = (304/4) = 76.0$

$\overline{x}_{A_5} = (322/4) = 80.5$

$\overline{x}_{A_i} \pm t(12, 0.05)\sqrt{(V_e/b)} = \overline{x}_{A_i} \pm 2.179\sqrt{(2.4/4)} = \overline{x}_{A_i} \pm 1.69$

$B: \overline{x}_{B_1} = (387/5) = 77.4$

$\overline{x}_{B_2} = (410/5) = 82.0$

$\overline{x}_{B_3} = (377/5) = 75.4$

$\overline{x}_{B_4} = (366/5) = 73.2$

$\overline{x}_{B_j} \pm t(12, 0.05)\sqrt{(V_e/a)} = \overline{x}_{B_j} \pm 2.179\sqrt{(2.4/5)} = \overline{x}_{B_j} \pm 1.51$

(4) 最適実験条件とその推定（値は大きいほうがよい）

最適実験条件：(A_5, B_2)

① 点推定 $\hat{\mu}(A_5, B_2) = \overline{x}_{A_5B_2} = \dfrac{T_{A_5}}{b} + \dfrac{T_{B_2}}{a} - \dfrac{T}{ab}$

$= \dfrac{322}{4} + \dfrac{410}{5} - \dfrac{1540}{20} = 85.5\ (\%)$

② 区間推定

有効繰返し（反復）数 $\dfrac{1}{n_e} = \dfrac{1}{b} + \dfrac{1}{a} - \dfrac{1}{ab} = \dfrac{1}{4} + \dfrac{1}{5} - \dfrac{1}{4 \times 5} = \dfrac{2}{5}$

∴ $\overline{x}_{A_5B_2} \pm t(12, 0.05)\sqrt{\dfrac{V_e}{n_e}} = 85.5 \pm 2.179\sqrt{\dfrac{2.4 \times 2}{5}} = 85.5 \pm 2.1$

∴ $83.4 \leq \mu(A_5B_2) \leq 87.6\ (\%)$

問 15

繰返しのある二元配置

(1) 等分散検定（$A : a=3$　　$B : b=3$　　繰返し数 $r=2$　　全体 $abr=3\times3\times2=18$　又は r を $n=2$ で表してもよい．)

x_{ijk} 表より　$R_{11}=|x_{111}-x_{112}|=|9.7-9.4|=0.3$　以下同様．

$\overline{R}=(\Sigma R/ab)=(4.8/3\times3)=0.53$　　　$n=2$ の $D_4=3.267$ [付表 5 (p.212) 参照]

$D_4\overline{R}=3.267\times0.53=1.73>R_{ij}$ にて等分散とみなす．

R_{ij} 表

j ＼ i	A_1	A_2	A_3	計
B_1	$R_{11}=0.3$	1.2	0.4	$\Sigma R=$ 4.8
B_2	0.7	0.6	0.8	
B_3	0.3	0.4	0.1	

(2) x_{ijk} より x_{ijk}^2 及び $x_{ij\cdot}$, $x_{ij\cdot}^2$ などを作る．

x_{ijk} 表

j ＼ i	A_1	A_2	A_3	$x_{\cdot j\cdot}$	T_{Bj}
B_1	$x_{111}=9.7$ $x_{112}=9.4$	8.7 7.5	6.6 7.0	48.9	T_{B1}
B_2	8.3 9.0	8.2 7.6	7.0 6.2	46.3	T_{B2}
B_3	8.0 7.7	6.9 7.3	6.4 6.3	42.6	T_{B3}
$x_{i\cdot\cdot}$	52.1	46.2	39.5	137.8	
T_{Ai}	T_{A1}	T_{A2}	T_{A3}	$T=\Sigma\Sigma\Sigma x_{ijk}$	

x_{ijk}^2 表

j ＼ i	A_1	A_2	A_3
B_1	94.09 88.36	75.69 56.25	43.56 49.00
B_2	68.89 81.00	67.24 57.76	49.00 38.44
B_3	64.00 59.29	47.61 53.29	40.96 39.69
	$\Sigma\Sigma\Sigma x_{ijk}^2=1\,074.12$		

$x_{ij.}$ 表

j \ i	A_1	A_2	A_3	$x_{.j.}$
B_1	19.1	16.2	13.6	48.9
B_2	17.3	15.8	13.2	46.3
B_3	15.7	14.2	12.7	42.6
$x_{i..}$	52.1	46.2	39.5	137.8

$x_{ij.}^2$ 表

j \ i	A_1	A_2	A_3
B_1	364.81	262.44	184.96
B_2	299.29	249.64	174.24
B_3	246.49	201.64	161.29
$\sum\sum x_{ij.}^2 = 2\,144.80$			

(3) 各 S 及び ϕ を求める.

$CT = (T^2/abr) = [(137.8)^2/3 \times 3 \times 2] = 1\,054.94$

$S_T = \sum\sum\sum x_{ijk}^2 - CT = 1\,074.12 - 1\,054.94 = 19.18$

$\phi_T = abr - 1 = 3 \times 3 \times 2 - 1 = 17$

$$S_A = \frac{(T_{A_1}^2 + T_{A_2}^2 + T_{A_3}^2)}{br} - CT$$

$$= \frac{(52.1)^2 + (46.2)^2 + (39.5)^2}{3 \times 2} - 1\,054.94 = 13.24$$

$\phi_A = a - 1 = 3 - 1 = 2$

$$S_B = \frac{(T_{B_1}^2 + T_{B_2}^2 + T_{B_3}^2)}{ar} - CT$$

$$= \frac{(48.9)^2 + (46.3)^2 + (42.6)^2}{3 \times 2} - 1\,054.94 = 3.34$$

$\phi_B = b - 1 = 3 - 1 = 2$

$S_{AB} = \frac{1}{r}\sum\sum x_{ij.}^2 - CT = \frac{1}{2} \times 2\,144.80 - 1\,054.94 = 17.46$

∵ $S_{AB} = S_A + S_B + S_{A \times B}$ $\phi_{AB} = \phi_A + \phi_B + \phi_{A \times B}$

$\phi_{AB} = ab - 1 = 3 \times 3 - 1 = 8$

$S_{A \times B} = S_{AB} - (S_A + S_B) = 17.46 - (13.24 + 3.34) = 0.88$

$\phi_{A \times B} = \phi_{AB} - (\phi_A + \phi_B) = 8 - (2 + 2) = 4$ ──┐
又は, $\phi_{A \times B} = \phi_A \times \phi_B = 2 \times 2 = 4$ ──┘ OK

$S_e = S_T - (S_A + S_B + S_{A \times B}) = S_T - S_{AB} = 19.18 - 17.46 = 1.72$

$\phi_e = \phi_T - \phi_{AB} = 17 - 8 = 9$

(4) 分散分析表を作る.

$H_0 : \sigma_A^2 = 0 \quad\quad H_0 : \sigma_B^2 = 0 \quad\quad H_0 : \sigma_{A \times B}^2 = 0$

$H_1 : \sigma_A^2 > 0 \quad\quad H_1 : \sigma_B^2 > 0 \quad\quad H_1 : \sigma_{A \times B}^2 > 0$

分散分析表 (1)

要因	S	ϕ	V	F_0
A	13.24	2	6.62	34.8**
B	3.34	2	1.67	8.8**
$A \times B$	0.88	4	0.22	1.2
e	1.72	9	0.19	
T	19.18	17		

$F_9^2(0.05) = 4.26 \quad F_9^2(0.01) = 8.02$

したがって, A, B ともに有意水準 1% で有意.

A, B は H_1 採択, $A \times B$ は H_0 採択にて $A \times B$ を誤差項 e にプールし, 分散分析表 (2) を作る.

分散分析表 (2)

要因	S	ϕ	V	F_0
A	13.24	2	6.62	33.1**
B	3.34	2	1.67	8.4**
e'	2.60	13	$V_{e'} = 0.20$	
T	19.18	17		

$F_{13}^2(0.05) = 3.81 \quad F_{13}^2(0.01) = 6.70$

したがって, A, B ともに有意水準 1% で有意.

(5) 最適実験条件とその推定 (値は小さいほうがよい)

最適実験条件 (A_3, B_3)

① 点推定 $\hat{\mu}(A_3 B_3) = \overline{x}_{A_3 B_3} = \dfrac{T_{A_3}}{br} + \dfrac{T_{B_3}}{ar} - \dfrac{T}{abr}$

演習問題解答

$$= \frac{39.5}{3 \times 2} + \frac{42.6}{3 \times 2} - \frac{137.8}{3 \times 3 \times 2} = 6.03 \text{ (mm)}$$

② 区間推定

有効繰返し数 $\dfrac{1}{n_e} = \dfrac{1}{br} + \dfrac{1}{ar} - \dfrac{1}{abr} = \dfrac{1}{6} + \dfrac{1}{6} - \dfrac{1}{18} = \dfrac{5}{18}$ より

$$\hat{\mu}(A_3 B_3) \pm t(13, 0.05)\sqrt{\dfrac{V_{e'}}{n_e}} = 6.03 \pm 2.160\sqrt{\dfrac{0.20 \times 5}{18}}$$

$$= 6.03 \pm 0.51 \text{ (mm)}$$

∴ $5.52 \leq \mu(A_3 B_3) \leq 6.54$ (mm)

問 16

$L_{16}(2^{15})$ 型直交配列表による解析

(1) 表1の空白を埋める．（要因の割付け）

① 交互作用

$A \times B : A1\text{列} \times B2\text{列} \rightarrow a \times b = ab \rightarrow 3\text{列}$

$A \times D : A1\text{列} \times D4\text{列} \rightarrow a \times c = ac \rightarrow 5\text{列}$

$A \times F : A1\text{列} \times F10\text{列} \rightarrow a \times bd = abd \rightarrow 11\text{列}$

$A \times G : A1\text{列} \times G15\text{列} \rightarrow a \times abcd = a^2 bcd = bcd \rightarrow 14\text{列}$

$B \times D : B2\text{列} \times D4\text{列} \rightarrow b \times c = bc \rightarrow 6\text{列}$

p.127 の"表(a) 2列間の交互作用"と確認．

② 誤差項 e : 7, 9, 13 の各列

表1 $L_{16}(2^{15})$ 型直交配列表

単位 kgf/cm²

列番 No.	1	2	3	4	5	6	7	8	9	10	11	12	13	14	15	データ x_i	x_i^2
1	1	1	1	1	1	1	1	1	1	1	1	1	1	1	1	4.1	16.81
2	1	1	1	1	1	1	1	2	2	2	2	2	2	2	2	7.6	57.76
3	1	1	1	2	2	2	2	1	1	1	1	2	2	2	2	5.2	27.04
4	1	1	1	2	2	2	2	2	2	2	2	1	1	1	1	2.8	7.84
5	1	2	2	1	1	2	2	1	1	2	2	1	1	2	2	3.0	9.00
6	1	2	2	1	1	2	2	2	2	1	1	2	2	1	1	5.8	33.64
7	1	2	2	2	2	1	1	1	1	2	2	2	2	1	1	5.0	25.00
8	1	2	2	2	2	1	1	2	2	1	1	1	1	2	2	2.5	6.25
9	2	1	2	1	2	1	2	1	2	1	2	1	2	1	2	3.4	11.56
10	2	1	2	1	2	1	2	2	1	2	1	2	1	2	1	8.0	64.00
11	2	1	2	2	1	2	1	1	2	1	2	2	1	2	1	5.7	32.49
12	2	1	2	2	1	2	1	2	1	2	1	1	2	1	2	1.8	3.24
13	2	2	1	1	2	2	1	1	2	2	1	1	2	2	1	3.3	10.89
14	2	2	1	1	2	2	1	2	1	1	2	2	1	1	2	5.4	29.16
15	2	2	1	2	1	1	2	1	2	2	1	2	1	1	2	4.7	22.09
16	2	2	1	2	1	1	2	2	1	1	2	1	2	2	1	0.9	0.81
基本標示	a	a b	a b	a c	a c	a b c	a b c d	a d	a d	a b c d	a b c d	a c d	a c d	a b d	a b d	69.2	357.58
因子の割付け	A	B	$A\times B$	$A\times D$	B	e	C	e	F	$A\times F$	E	e	$A\times G$	G		Σx_i	Σx_i^2

(2) 線点図を書く.

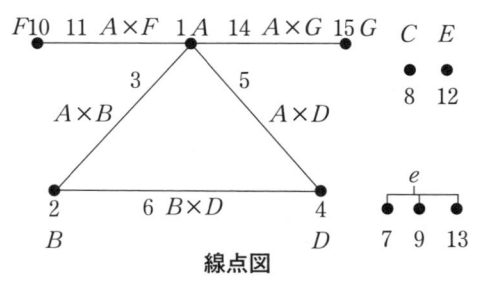

```
    F 10   11 A×F   1 A   14  A×G  15 G      C   E
    ●────────────────●────────────────●       ●   ●
                   3 \      / 5                8  12
                A×B  \    /  A×D
                      \  /                        e
                    2  \/  4                   ●─●─●
                    ●──────●                   7 9 13
                    B  6 B×D  D
```

線点図

(3) 平方和 S の補助表を作る.

補　助　表

要因	A		B		$A\times B$		D		$A\times D$		$B\times D$	
列	1		2		3		4		5		6	
水準	1	2	1	2	1	2	1	2	1	2	1	2
データ	4.1	3.4	4.1	3.0	4.1	3.0	4.1	5.2	4.1	5.2	4.1	5.2
	7.6	8.0	7.6	5.8	7.6	5.8	7.6	2.8	7.6	2.8	7.6	2.8
	5.2	5.7	5.2	5.0	5.2	5.0	3.0	5.0	3.0	5.0	5.0	3.0
	2.8	1.8	2.8	2.5	2.8	2.5	5.8	2.5	5.8	2.5	2.5	5.8
	3.0	3.3	3.4	3.3	3.3	3.4	3.4	5.7	5.7	3.4	3.4	5.7
	5.8	5.4	8.0	5.4	5.4	8.0	8.0	1.8	1.8	8.0	8.0	1.8
	5.0	4.7	5.7	4.7	4.7	5.7	3.3	4.7	4.7	3.3	4.7	3.3
	2.5	0.9	1.8	0.9	0.9	1.8	5.4	0.9	0.9	5.4	0.9	5.4
各計	36.0	33.2	38.6	30.6	34.0	35.2	40.6	28.6	33.6	35.6	36.2	33.0
(差)	2.8		8.0		-1.2		12.0		-2.0		3.2	
和	69.2		69.2		69.2		69.2		69.2		69.2	
$S=(差)^2/16$	0.49		4.00		0.09		9.00		0.25		0.64	

要因	e		C		e		F		$A\times F$		E	
列	7		8		9		10		11		12	
水準	1	2	1	2	1	2	1	2	1	2	1	2
データ	4.1	5.2	4.1	7.6	4.1	7.6	4.1	7.6	4.1	7.6	4.1	7.6
	7.6	2.8	5.2	2.8	5.2	2.8	5.2	2.8	5.2	2.8	2.8	5.2
	5.0	3.0	3.0	5.8	3.0	5.8	5.8	3.0	5.8	3.0	3.0	5.8
	2.5	5.8	5.0	2.5	5.0	2.5	2.5	5.0	2.5	5.0	2.5	5.0
	5.7	3.4	3.4	8.0	8.0	3.4	3.4	8.0	8.0	3.4	3.4	8.0
	1.8	8.0	5.7	1.8	1.8	5.7	5.7	1.8	1.8	5.7	1.8	5.7
	3.3	4.7	3.3	5.4	5.4	3.3	5.4	3.3	3.3	5.4	3.3	5.4
	5.4	0.9	4.7	0.9	0.9	4.7	0.9	4.7	4.7	0.9	0.9	4.7
各計	35.4	33.8	34.4	34.8	33.4	35.8	33.0	36.2	35.4	33.8	21.8	47.4
(差)	1.6		-0.4		-2.4		-3.2		1.6		-25.6	
和	69.2		69.2		69.2		69.2		69.2		69.2	
$S=(差)^2/16$	0.16		0.01		0.36		0.64		0.16		40.96	

要因	e		$A\times G$		G	
列	13		14		15	
水準	1	2	1	2	1	2
データ	4.1	7.6	4.1	7.6	4.1	7.6
	2.8	5.2	2.8	5.2	2.8	5.2
	3.0	5.8	5.8	3.0	5.8	3.0
	2.5	5.0	5.0	2.5	5.0	2.5
	8.0	3.4	3.4	8.0	8.0	3.4
	5.7	1.8	1.8	5.7	5.7	1.8
	5.4	3.3	5.4	3.3	3.3	5.4
	4.7	0.9	4.7	0.9	0.9	4.7
各計	36.2	33.0	33.0	36.2	35.6	33.6
(差)	3.2		-3.2		2.0	
和	69.2		69.2		69.2	
$S=(差)^2/16$	0.64		0.64		0.25	

(4) 分散分析表を作る.

分散分析表 (1)

要因	S	ϕ	V
A	0.49	1	0.49
B	4.00	1	4.00
C	0.01	1	0.01
D	9.00	1	9.00
E	40.96	1	40.96
F	0.64	1	0.64
G	0.25	1	0.25
$A\times B$	0.09	1	0.09
$A\times D$	0.25	1	0.25
$A\times F$	0.16	1	0.16
$A\times G$	0.64	1	0.64
$B\times D$	0.64	1	0.64
e	1.16	3	$V_e=0.387$
T	58.29	15	

注 1. $e=e_7+e_9+e_{13}=0.16+0.36+0.64=1.16$
 2. $S_T=\sum x_i^2-\dfrac{(\sum x_i)^2}{n}=357.58-\dfrac{(69.2)^2}{16}=58.29$
 $\phi_T=n-1=16-1=15$
 3. 分散分析表 (1) で $V_e=0.387$ より小さいものと, $V_A=0.49$ を誤差項 e にプールして e' として分散分析表 (2) を作る.

分散分析表 (2)

要因	S	ϕ	V	F_0
B	4.00	1	4.00	14.9**
D	9.00	1	9.00	33.6**
E	40.96	1	40.96	152.8**
F	0.64	1	0.64	2.39
$A\times G$	0.64	1	0.64	2.39
$B\times D$	0.64	1	0.64	2.39
e'	2.41	$\phi_{e'}=9$	$V_{e'}=0.268$	
T	58.29	15		

$F_9^1(0.05)=5.12 \qquad F_9^1(0.01)=10.6$

$H_0 : \sigma_B^2,\ \sigma_D^2,\ \sigma_E^2,\ \sigma_F^2,\ \sigma_{A\times B}^2,\ \sigma_{B\times D}^2 = 0$

$H_1 : \sigma_B^2,\ \sigma_D^2,\ \sigma_E^2,\ \sigma_F^2,\ \sigma_{A\times B}^2,\ \sigma_{B\times D}^2 > 0$

したがって，主要因 B, D, E が有意水準1%で有意である．

(B, D, E : H_1 採択)　(F, $A\times G$, $B\times D$: H_0 採択)

(5) 最適実験条件（値は大きいほうがよい）

補助表より $(B_1,\ D_1,\ E_2)$ である．

$B : \Sigma B_1 = 38.6$　　$D : \Sigma D_1 = 40.6$　　$E : \Sigma E_2 = 47.4$

① 点推定　$\hat{\mu}(B_1 D_1 E_2) = \dfrac{38.6}{8} + \dfrac{40.6}{8} + \dfrac{47.4}{8} - 2\dfrac{69.2}{16}$

$\hspace{10em} = 7.175\ (\mathrm{kgf/cm^2})$

② 区間推定

有効繰返し数　$\dfrac{1}{n_e} = \dfrac{1}{8} + \dfrac{1}{8} + \dfrac{1}{8} - 2\dfrac{1}{16} = \dfrac{1}{4}$

$\hat{\mu}(B_1 D_1 E_2) \pm t(9,\ 0.05)\sqrt{\dfrac{V_{e'}}{n_e}} = 7.175 \pm 2.262\sqrt{\dfrac{0.268}{4}}$

$\hspace{12em} = 7.175 \pm 0.586\ (\mathrm{kgf/cm^2})$

$\therefore\ \ 6.59 \leq \mu(B_1 D_1 E_2) \leq 7.76\ (\mathrm{kgf/cm^2})$

[参考] **分散分析表の図解説（概要）**
直交配列表 $L_{16}(2^{15})$，分散分析表 (2) より

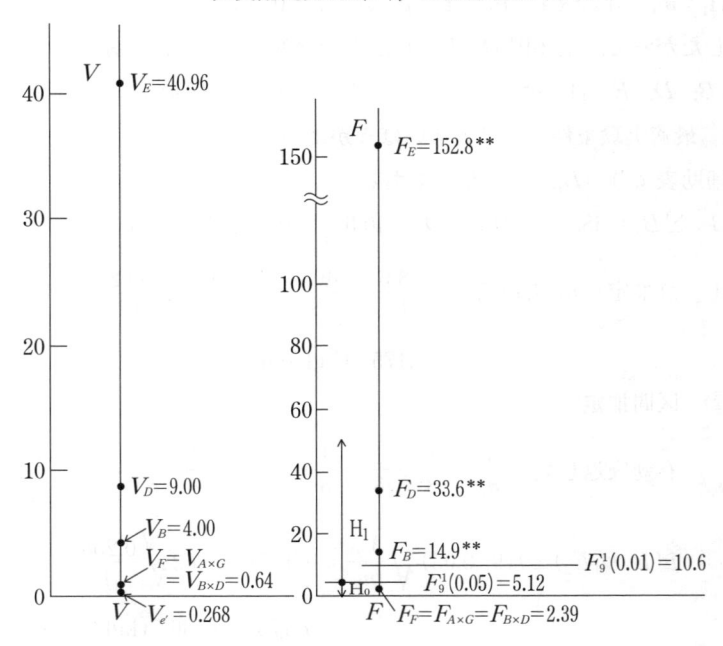

- $V_E = 40.96$
- $V_D = 9.00$
- $V_B = 4.00$
- $V_F = V_{A \times G} = V_{B \times D} = 0.64$
- $V_{e'} = 0.268$

- $F_E = 152.8^{**}$
- $F_D = 33.6^{**}$
- $F_B = 14.9^{**}$
- $F_9^1(0.01) = 10.6$
- $F_9^1(0.05) = 5.12$
- $F_F = F_{A \times G} = F_{B \times D} = 2.39$

付表 1 正規分布表

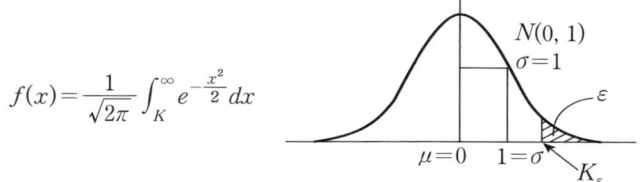

$$f(x) = \frac{1}{\sqrt{2\pi}} \int_K^\infty e^{-\frac{x^2}{2}} dx$$

付表 1.1 K_ε から ε を求める表

K_ε	*=0	1	2	3	4	5	6	7	8	9
0.0*	.5000	.4960	.4920	.4880	.4840	.4801	.4761	.4721	.4681	.4641
0.1*	.4602	.4562	.4522	.4483	.4443	.4404	.4364	.4325	.4286	.4247
0.2*	.4207	.4168	.4129	.4090	.4052	.4013	.3974	.3936	.3897	.3859
0.3*	.3821	.3783	.3745	.3707	.3669	.3632	.3594	.3557	.3520	.3483
0.4*	.3446	.3409	.3372	.3336	.3300	.3264	.3228	.3192	.3156	.3121
0.5*	.3085	.3050	.3015	.2981	.2946	.2912	.2877	.2843	.2810	.2776
0.6*	.2743	.2709	.2676	.2643	.2611	.2578	.2546	.2514	.2483	.2451
0.7*	.2420	.2389	.2358	.2327	.2296	.2266	.2236	.2206	.2177	.2148
0.8*	.2119	.2090	.2061	.2033	.2005	.1977	.1949	.1922	.1894	.1867
0.9*	.1841	.1814	.1788	.1762	.1736	.1711	.1685	.1660	.1635	.1611
1.0*	.1587	.1562	.1539	.1515	.1492	.1469	.1446	.1423	.1401	.1379
1.1*	.1357	.1335	.1314	.1292	.1271	.1251	.1230	.1210	.1190	.1170
1.2*	.1151	.1131	.1112	.1093	.1075	.1056	.1038	.1020	.1003	.0985
1.3*	.0968	.0951	.0934	.0918	.0901	.0885	.0869	.0853	.0838	.0823
1.4*	.0808	.0793	.0778	.0764	.0749	.0735	.0721	.0708	.0694	.0681
1.5*	.0668	.0655	.0643	.0630	.0618	.0606	.0594	.0582	.0571	.0559
1.6*	.0548	.0537	.0526	.0516	.0505	.0495	.0485	.0475	.0465	.0455
1.7*	.0446	.0436	.0427	.0418	.0409	.0401	.0392	.0384	.0375	.0367
1.8*	.0359	.0351	.0344	.0336	.0329	.0322	.0314	.0307	.0301	.0294
1.9*	.0287	.0281	.0274	.0268	.0262	.0256	.0250	.0244	.0239	.0233
2.0*	.0228	.0222	.0217	.0212	.0207	.0202	.0197	.0192	.0188	.0183
2.1*	.0179	.0174	.0170	.0166	.0162	.0158	.0154	.0150	.0146	.0143
2.2*	.0139	.0136	.0132	.0129	.0125	.0122	.0119	.0116	.0113	.0110
2.3*	.0107	.0104	.0102	.0099	.0096	.0094	.0091	.0089	.0087	.0084
2.4*	.0082	.0080	.0078	.0075	.0073	.0071	.0069	.0068	.0066	.0064
2.5*	.0062	.0060	.0059	.0057	.0055	.0054	.0052	.0051	.0049	.0048
2.6*	.0047	.0045	.0044	.0043	.0041	.0040	.0039	.0038	.0037	.0036
2.7*	.0035	.0034	.0033	.0032	.0031	.0030	.0029	.0028	.0027	.0026
2.8*	.0026	.0025	.0024	.0023	.0023	.0022	.0021	.0021	.0020	.0019
2.9*	.0019	.0018	.0018	.0017	.0016	.0016	.0015	.0015	.0014	.0014
3.0*	.0013	.0013	.0013	.0012	.0012	.0011	.0011	.0011	.0010	.0010

付表1～4の出典：森口繁一編（1989）：新編統計的方法，p.262-267．日本規格協会

付表 1.2 ε から K_ε を求める表

ε	.001	.005	.010	.025	.05	.1	.2	.3	.4
K_ε	3.090	2.576	2.326	1.960	1.645	1.282	.842	.524	.253

付表 1.3 u から $\phi(u) = \dfrac{1}{\sqrt{2\pi}} e^{-u^2/2}$ を求める表

u	.0	.1	.2	.3	.4	.5	1.0	1.5	2.0	2.5	3.0
$\phi(u)$	.399	.397	.391	.381	.368	.352	.2420	.1295	.0540	.0175	.0044

例1　$K_\varepsilon=1.55$ に対する ε の値は，付表 1.1 で，1.5^* の行と $^*=5$ の列の交わる点の値 .0606 で与えられる．

例2　$\varepsilon=.05$ に対する K_ε の値は，付表 1.2 で 1.645 と与えられる．

例3　$u=1.0$ に対する $\phi(u)$ の値は，付表 1.3 で .2420 と与えられる．

付表2 *t*表

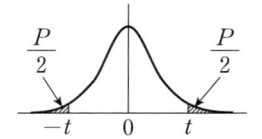

P / ϕ	0.10 / 5% (片側)	0.05 / 5% (片側/両側)	0.02 / 1% (両側)	0.01 / 1% (両側)
1	6.314	12.706	31.821	63.657
2	2.920	4.303	6.965	9.925
3	2.353	3.182	4.541	5.841
4	2.132	2.776	3.747	4.604
5	2.015	2.571	3.365	4.032
6	1.943	2.447	3.143	3.707
7	1.895	2.365	2.998	3.499
8	1.860	2.306	2.896	3.355
9	1.833	2.262	2.821	3.250
10	1.812	2.228	2.764	3.169
11	1.796	2.201	2.718	3.106
12	1.782	2.179	2.681	3.055
13	1.771	2.160	2.650	3.012
14	1.761	2.145	2.624	2.977
15	1.753	2.131	2.602	2.947
16	1.746	2.120	2.583	2.921
17	1.740	2.110	2.567	2.898
18	1.734	2.101	2.552	2.878
19	1.729	2.093	2.539	2.861
20	1.725	2.086	2.528	2.845
21	1.721	2.080	2.518	2.831
22	1.717	2.074	2.508	2.819
23	1.714	2.069	2.500	2.807
24	1.711	2.064	2.492	2.797
25	1.708	2.060	2.485	2.787
26	1.706	2.056	2.479	2.779
27	1.703	2.052	2.473	2.771
28	1.701	2.048	2.467	2.763
29	1.699	2.045	2.462	2.756
30	1.697	2.042	2.457	2.750
40	1.684	2.021	2.423	2.704
60	1.671	2.000	2.390	2.660
120	1.658	1.980	2.358	2.617
∞	1.645	1.960	2.326	2.576

例 $\phi=10$, $P=0.05$ に対する $t(10, 0.05)$ の値は, $\phi=10$ の行と $P=0.05$ の交わる点の値 2.228 で与えられる.

注 $\phi>30$ で, 表にない t の値を求める場合には, $120/\phi$ を用いる1次補間により求める.

付表3 χ^2 表

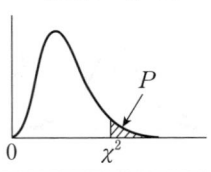

ϕ \ P	.995	.99	.975	.95	.05	.025	.01	.005
1	$0.0^4 393$	$0.0^3 157$	$0.0^3 982$	$0.0^2 393$	3.84	5.02	6.63	7.88
2	0.0100	0.0201	0.0506	0.103	5.99	7.38	9.21	10.60
3	0.0717	0.115	0.216	0.352	7.81	9.35	11.34	12.84
4	0.207	0.297	0.484	0.711	9.49	11.14	13.28	14.86
5	0.412	0.554	0.831	1.145	11.07	12.83	15.09	16.75
6	0.676	0.872	1.237	1.635	12.59	14.45	16.81	18.55
7	0.989	1.239	1.690	2.17	14.07	16.01	18.48	20.3
8	1.344	1.646	2.18	2.73	15.51	17.53	20.1	22.0
9	1.735	2.09	2.70	3.33	16.92	19.02	21.7	23.6
10	2.16	2.56	3.25	3.94	18.31	20.5	23.2	25.2
11	2.60	3.05	3.82	4.57	19.68	21.9	24.7	26.8
12	3.07	3.57	4.40	5.23	21.0	23.3	26.2	28.3
13	3.57	4.11	5.01	5.89	22.4	24.7	27.7	29.8
14	4.07	4.66	5.63	6.57	23.7	26.1	29.1	31.3
15	4.60	5.23	6.26	7.26	25.0	27.5	30.6	32.8
16	5.14	5.81	6.91	7.96	26.3	28.8	32.0	34.3
17	5.70	6.41	7.56	8.67	27.6	30.2	33.4	35.7
18	6.26	7.01	8.23	9.39	28.9	31.5	34.8	37.2
19	6.84	7.63	8.91	10.12	30.1	32.9	36.2	38.6
20	7.43	8.26	9.59	10.85	31.4	34.2	37.6	40.0
21	8.03	8.90	10.28	11.59	32.7	35.5	38.9	41.4
22	8.64	9.54	10.98	12.34	33.9	36.8	40.3	42.8
23	9.26	10.20	11.69	13.09	35.2	38.1	41.6	44.2
24	9.89	10.86	12.40	13.85	36.4	39.4	43.0	45.6
25	10.52	11.52	13.12	14.61	37.7	40.6	44.3	46.9
26	11.16	12.20	13.84	15.38	38.9	41.9	45.6	48.3
27	11.81	12.88	14.57	16.15	40.1	43.2	47.0	49.6
28	12.46	13.56	15.31	16.93	41.3	44.5	48.3	51.0
29	13.12	14.26	16.05	17.71	42.6	45.7	49.6	52.3
30	13.79	14.95	16.79	18.49	43.8	47.0	50.9	53.7

付表 3 (続き)

P ϕ	.995	.99	.975	.95	.05	.025	.01	.005
40	20.7	22.2	24.4	26.5	55.8	59.3	63.7	66.8
50	28.0	29.7	32.4	34.8	67.5	71.4	76.2	79.5
60	35.5	37.5	40.5	43.2	79.1	83.3	88.4	92.0
70	43.3	45.4	48.8	51.7	90.5	95.0	100.4	104.2
80	51.2	53.5	57.2	60.4	101.9	106.6	112.3	116.3
90	59.2	61.8	65.6	69.1	113.1	118.1	124.1	128.3
100	67.3	70.1	74.2	77.9	124.3	129.6	135.8	140.2
y_p	-2.58	-2.33	-1.96	-1.64	1.645	1.960	2.33	2.58

自由度が大きい場合の近似式 $\chi^2(\phi, P) = \dfrac{1}{2}(y_P + \sqrt{2\phi - 1})^2$

例 1　$\phi=10$, $P=0.05$ に対する $\chi^2(10, 0.05)$ の値は, $\phi=10$ の行と $P=.05$ の交わる点の値 18.31 で与えられる.

例 2　$\phi=120$, $P=0.05$ に対する $\chi^2(120, 0.05)$ の近似値は, $\dfrac{1}{2}(1.645 + \sqrt{2 \times 120 - 1})^2 = 146.3$ で与えられる.

付表 4 F 表

付表 4.1 $F^{\phi_1}_{\phi_2}(\alpha)$ $\alpha=0.05$（細字） $\alpha=0.01$（太字）
$\phi_1=$ 分子の自由度 $\phi_2=$ 分母の自由度

$\phi_2\backslash\phi_1$	1	2	3	4	5	6	7	8	9	10	12	15	20	24	30	40	60	120	∞
1	161. 4052.	200. 5000.	216. 5403.	225. 5625.	230. 5764.	234. 5859.	237. 5928.	239. 5982.	241. 6022.	242. 6056.	244. 6106.	246. 6157.	248. 6209.	249. 6235.	250. 6261.	251. 6287.	252. 6313.	253. 6339.	254. 6366.
2	18.5 98.5	19.0 99.0	19.2 99.2	19.2 99.2	19.3 99.3	19.3 99.3	19.4 99.4	19.4 99.4	19.4 99.4	19.4 99.4	19.4 99.4	19.4 99.4	19.4 99.4	19.5 99.5	19.5 99.5	19.5 99.5	19.5 99.5	19.5 99.5	19.5 99.5
3	10.1 34.1	9.55 30.8	9.28 29.5	9.12 28.7	9.01 28.2	8.94 27.9	8.89 27.7	8.85 27.5	8.81 27.3	8.79 27.2	8.74 27.1	8.70 26.9	8.66 26.7	8.64 26.6	8.62 26.5	8.59 26.4	8.57 26.3	8.55 26.2	8.53 26.1
4	7.71 21.2	6.94 18.0	6.59 16.7	6.39 16.0	6.26 15.5	6.16 15.2	6.09 15.0	6.04 14.8	6.00 14.7	5.96 14.5	5.91 14.4	5.86 14.2	5.80 14.0	5.77 13.9	5.75 13.8	5.72 13.7	5.69 13.7	5.66 13.6	5.63 13.5
5	6.61 16.3	5.79 13.3	5.41 12.1	5.19 11.4	5.05 11.0	4.95 10.7	4.88 10.5	4.82 10.3	4.77 10.2	4.74 10.1	4.68 9.89	4.62 9.72	4.56 9.55	4.53 9.47	4.50 9.38	4.46 9.29	4.43 9.20	4.40 9.11	4.36 9.02
6	5.99 13.7	5.14 10.9	4.76 9.78	4.53 9.15	4.39 8.75	4.28 8.47	4.21 8.26	4.15 8.10	4.10 7.98	4.06 7.87	4.00 7.72	3.94 7.56	3.87 7.40	3.84 7.31	3.81 7.23	3.77 7.14	3.74 7.06	3.70 6.97	3.67 6.88
7	5.59 12.2	4.74 9.55	4.35 8.45	4.12 7.85	3.97 7.46	3.87 7.19	3.79 6.99	3.73 6.84	3.68 6.72	3.64 6.62	3.57 6.47	3.51 6.31	3.44 6.16	3.41 6.07	3.38 5.99	3.34 5.91	3.30 5.82	3.27 5.74	3.23 5.65
8	5.32 11.3	4.46 8.65	4.07 7.59	3.84 7.01	3.69 6.63	3.58 6.37	3.50 6.18	3.44 6.03	3.39 5.91	3.35 5.81	3.28 5.67	3.22 5.52	3.15 5.36	3.12 5.28	3.08 5.20	3.04 5.12	3.01 5.03	2.97 4.95	2.93 4.86
9	5.12 10.6	4.26 8.02	3.86 6.99	3.63 6.42	3.48 6.06	3.37 5.80	3.29 5.61	3.23 5.47	3.18 5.35	3.14 5.26	3.07 5.11	3.01 4.96	2.94 4.81	2.90 4.73	2.86 4.65	2.83 4.57	2.79 4.48	2.75 4.40	2.71 4.31
10	4.96 10.0	4.10 7.56	3.71 6.55	3.48 5.99	3.33 5.64	3.22 5.39	3.14 5.20	3.07 5.06	3.02 4.94	2.98 4.85	2.91 4.71	2.84 4.56	2.77 4.41	2.74 4.33	2.70 4.25	2.66 4.17	2.62 4.08	2.58 4.00	2.54 3.91
11	4.84 9.65	3.98 7.21	3.59 6.22	3.36 5.67	3.20 5.32	3.09 5.07	3.01 4.89	2.95 4.74	2.90 4.63	2.85 4.54	2.79 4.40	2.72 4.25	2.65 4.10	2.61 4.02	2.57 3.94	2.53 3.86	2.49 3.78	2.45 3.69	2.40 3.60
12	4.75 9.33	3.89 6.93	3.49 5.95	3.26 5.41	3.11 5.06	3.00 4.82	2.91 4.64	2.85 4.50	2.80 4.39	2.75 4.30	2.69 4.16	2.62 4.01	2.54 3.86	2.51 3.78	2.47 3.70	2.43 3.62	2.38 3.54	2.34 3.45	2.30 3.36
13	4.67 9.07	3.81 6.70	3.41 5.74	3.18 5.21	3.03 4.86	2.92 4.62	2.83 4.44	2.77 4.30	2.71 4.19	2.67 4.10	2.60 3.96	2.53 3.82	2.46 3.66	2.42 3.59	2.38 3.51	2.34 3.43	2.30 3.34	2.25 3.25	2.21 3.17
14	4.60 8.86	3.74 6.51	3.34 5.56	3.11 5.04	2.96 4.70	2.85 4.46	2.76 4.28	2.70 4.14	2.65 4.03	2.60 3.94	2.53 3.80	2.46 3.66	2.39 3.51	2.35 3.43	2.31 3.35	2.27 3.27	2.22 3.18	2.18 3.09	2.13 3.00
15	4.54 8.68	3.68 6.36	3.29 5.42	3.06 4.89	2.90 4.56	2.79 4.32	2.71 4.14	2.64 4.00	2.59 3.89	2.54 3.80	2.48 3.67	2.40 3.52	2.33 3.37	2.29 3.29	2.25 3.21	2.20 3.13	2.16 3.05	2.11 2.96	2.07 2.87
$\phi_2\backslash\phi_1$	1	2	3	4	5	6	7	8	9	10	12	15	20	24	30	40	60	120	∞

付表 **4.1** （続き）

ϕ_1\\ϕ_2	1	2	3	4	5	6	7	8	9	10	12	15	20	24	30	40	60	120	∞	ϕ_1\\ϕ_2
16	4.49 8.53	3.63 6.23	3.24 5.29	3.01 4.77	2.85 4.44	2.74 4.20	2.66 4.03	2.59 3.89	2.54 3.78	2.49 3.69	2.42 3.55	2.35 3.41	2.28 3.26	2.24 3.18	2.19 3.10	2.15 3.02	2.11 2.93	2.06 2.84	2.01 2.75	16
17	4.45 8.40	3.59 6.11	3.20 5.18	2.96 4.67	2.81 4.34	2.70 4.10	2.61 3.93	2.55 3.79	2.49 3.68	2.45 3.59	2.38 3.46	2.31 3.31	2.23 3.16	2.19 3.08	2.15 3.00	2.10 2.92	2.06 2.83	2.01 2.75	1.96 2.65	17
18	4.41 8.29	3.55 6.01	3.16 5.09	2.93 4.58	2.77 4.25	2.66 4.01	2.58 3.84	2.51 3.71	2.46 3.60	2.41 3.51	2.34 3.37	2.27 3.23	2.19 3.08	2.15 3.00	2.11 2.92	2.06 2.84	2.02 2.75	1.97 2.66	1.92 2.57	18
19	4.38 8.18	3.52 5.93	3.13 5.01	2.90 4.50	2.74 4.17	2.63 3.94	2.54 3.77	2.48 3.63	2.42 3.52	2.38 3.43	2.31 3.30	2.23 3.15	2.16 3.00	2.11 2.92	2.07 2.84	2.03 2.76	1.98 2.67	1.93 2.58	1.88 2.49	19
20	4.35 8.10	3.49 5.85	3.10 4.94	2.87 4.43	2.71 4.10	2.60 3.87	2.51 3.70	2.45 3.56	2.39 3.46	2.35 3.37	2.28 3.23	2.20 3.09	2.12 2.94	2.08 2.86	2.04 2.78	1.99 2.69	1.95 2.61	1.90 2.52	1.84 2.42	20
21	4.32 8.02	3.47 5.78	3.07 4.87	2.84 4.37	2.68 4.04	2.57 3.81	2.49 3.64	2.42 3.51	2.37 3.40	2.32 3.31	2.25 3.17	2.18 3.03	2.10 2.88	2.05 2.80	2.01 2.72	1.96 2.64	1.92 2.55	1.87 2.46	1.81 2.36	21
22	4.30 7.95	3.44 5.72	3.05 4.82	2.82 4.31	2.66 3.99	2.55 3.76	2.46 3.59	2.40 3.45	2.34 3.35	2.30 3.26	2.23 3.12	2.15 2.98	2.07 2.83	2.03 2.75	1.98 2.67	1.94 2.58	1.89 2.50	1.84 2.40	1.78 2.31	22
23	4.28 7.88	3.42 5.66	3.03 4.76	2.80 4.26	2.64 3.94	2.53 3.71	2.44 3.54	2.37 3.41	2.32 3.30	2.27 3.21	2.20 3.07	2.13 2.93	2.05 2.78	2.00 2.70	1.96 2.62	1.91 2.54	1.86 2.45	1.81 2.35	1.76 2.26	23
24	4.26 7.82	3.40 5.61	3.01 4.72	2.78 4.22	2.62 3.90	2.51 3.67	2.42 3.50	2.36 3.36	2.30 3.26	2.25 3.17	2.18 3.03	2.11 2.89	2.03 2.74	1.98 2.66	1.94 2.58	1.89 2.49	1.84 2.40	1.79 2.31	1.73 2.21	24
25	4.24 7.77	3.39 5.57	2.99 4.68	2.76 4.18	2.60 3.86	2.49 3.63	2.40 3.46	2.34 3.32	2.28 3.22	2.24 3.13	2.16 2.99	2.09 2.85	2.01 2.70	1.96 2.62	1.92 2.54	1.87 2.45	1.82 2.36	1.77 2.27	1.71 2.17	25
26	4.23 7.72	3.37 5.53	2.98 4.64	2.74 4.14	2.59 3.82	2.47 3.59	2.39 3.42	2.32 3.29	2.27 3.18	2.22 3.09	2.15 2.96	2.07 2.82	1.99 2.66	1.95 2.58	1.90 2.50	1.85 2.42	1.80 2.33	1.75 2.23	1.69 2.13	26
27	4.21 7.68	3.35 5.49	2.96 4.60	2.73 4.11	2.57 3.78	2.46 3.56	2.37 3.39	2.31 3.26	2.25 3.15	2.20 3.06	2.13 2.93	2.06 2.78	1.97 2.63	1.93 2.55	1.88 2.47	1.84 2.38	1.79 2.29	1.73 2.20	1.67 2.10	27
28	4.20 7.64	3.34 5.45	2.95 4.57	2.71 4.07	2.56 3.75	2.45 3.53	2.36 3.36	2.29 3.23	2.24 3.12	2.19 3.03	2.12 2.90	2.04 2.75	1.96 2.60	1.91 2.52	1.87 2.44	1.82 2.35	1.77 2.26	1.71 2.17	1.65 2.06	28
29	4.18 7.60	3.33 5.42	2.93 4.54	2.70 4.04	2.55 3.73	2.43 3.50	2.35 3.33	2.28 3.20	2.22 3.09	2.18 3.00	2.10 2.87	2.03 2.73	1.94 2.57	1.90 2.49	1.85 2.41	1.81 2.33	1.75 2.23	1.70 2.14	1.64 2.03	29
30	4.17 7.56	3.32 5.39	2.92 4.51	2.69 4.02	2.53 3.70	2.42 3.47	2.33 3.30	2.27 3.17	2.21 3.07	2.16 2.98	2.09 2.84	2.01 2.70	1.93 2.55	1.89 2.47	1.84 2.39	1.79 2.30	1.74 2.21	1.68 2.11	1.62 2.01	30
40	4.08 7.31	3.23 5.18	2.84 4.31	2.61 3.83	2.45 3.51	2.34 3.29	2.25 3.12	2.18 2.99	2.12 2.89	2.08 2.80	2.00 2.66	1.92 2.52	1.84 2.37	1.79 2.29	1.74 2.20	1.69 2.11	1.64 2.02	1.58 1.92	1.51 1.80	40
60	4.00 7.08	3.15 4.98	2.76 4.13	2.53 3.65	2.37 3.34	2.25 3.12	2.17 2.95	2.10 2.82	2.04 2.72	1.99 2.63	1.92 2.50	1.84 2.35	1.75 2.20	1.70 2.12	1.65 2.03	1.59 1.94	1.53 1.84	1.47 1.73	1.39 1.60	60
120	3.92 6.85	3.07 4.79	2.68 3.95	2.45 3.48	2.29 3.17	2.18 2.96	2.09 2.79	2.02 2.66	1.96 2.56	1.91 2.47	1.83 2.34	1.75 2.19	1.66 2.03	1.61 1.95	1.55 1.86	1.50 1.76	1.43 1.66	1.35 1.53	1.25 1.38	120
∞	3.84 6.63	3.00 4.61	2.60 3.78	2.37 3.32	2.21 3.02	2.10 2.80	2.01 2.64	1.94 2.51	1.88 2.41	1.83 2.32	1.75 2.18	1.67 2.04	1.57 1.88	1.52 1.79	1.46 1.70	1.39 1.59	1.32 1.47	1.22 1.32	1.00 1.00	∞
ϕ_2\\ϕ_1	1	2	3	4	5	6	7	8	9	10	12	15	20	24	30	40	60	120	∞	ϕ_2\\ϕ_1

注 $\phi>30$ で，表にない F の値を求める場合には $120/\phi$ を用いる1次補間により求める．
例 $\phi_1=5$，$\phi_2=10$ に対する $F_{10}^5(0.05)$ の値は，$\phi_1=5$ の列と $\phi_2=10$ の行の交わる点の上段の値（細字）3.33 で与えられる．

209

付表 4.2 $F_{\phi_2}^{\phi_1}(0.025)$ $\alpha=0.025$ $\phi_1=$ 分子の自由度 $\phi_2=$ 分母の自由度

$\phi_2 \backslash \phi_1$	1	2	3	4	5	6	7	8	9	10	12	15	20	24	30	40	60	120	∞
1	648	800.	864.	900.	922.	937.	948.	957.	963.	969.	977.	985.	993.	997.	1001.	1006.	1010.	1014.	1018.
2	38.5	39.0	39.2	39.2	39.3	39.3	39.4	39.4	39.4	39.4	39.4	39.4	39.4	39.4	39.5	39.5	39.5	39.5	39.5
3	17.4	16.0	15.4	15.1	14.9	14.7	14.6	14.5	14.5	14.4	14.3	14.3	14.2	14.1	14.1	14.0	14.0	13.9	13.9
4	12.2	10.6	9.98	9.60	9.36	9.20	9.07	8.98	8.90	8.84	8.75	8.66	8.56	8.51	8.46	8.41	8.36	8.31	8.26
5	10.0	8.43	7.76	7.39	7.15	6.98	6.85	6.76	6.68	6.62	6.52	6.43	6.33	6.28	6.23	6.18	6.12	6.07	6.02
6	8.81	7.26	6.60	6.23	5.99	5.82	5.70	5.60	5.52	5.46	5.37	5.27	5.17	5.12	5.07	5.01	4.96	4.90	4.85
7	8.07	6.54	5.89	5.52	5.29	5.12	4.99	4.90	4.82	4.76	4.67	4.57	4.47	4.42	4.36	4.31	4.25	4.20	4.14
8	7.57	6.06	5.42	5.05	4.82	4.65	4.53	4.43	4.36	4.30	4.20	4.10	4.00	3.95	3.89	3.84	3.78	3.73	3.67
9	7.21	5.71	5.08	4.72	4.48	4.32	4.20	4.10	4.03	3.96	3.87	3.77	3.67	3.61	3.56	3.51	3.45	3.39	3.33
10	6.94	5.46	4.83	4.47	4.24	4.07	3.95	3.85	3.78	3.72	3.62	3.52	3.42	3.37	3.31	3.26	3.20	3.14	3.08
11	6.72	5.26	4.63	4.28	4.04	3.88	3.76	3.66	3.59	3.53	3.43	3.33	3.23	3.17	3.12	3.06	3.00	2.94	2.88
12	6.55	5.10	4.47	4.12	3.89	3.73	3.61	3.51	3.44	3.37	3.28	3.18	3.07	3.02	2.96	2.91	2.85	2.79	2.72
13	6.41	4.97	4.35	4.00	3.77	3.60	3.48	3.39	3.31	3.25	3.15	3.05	2.95	2.89	2.84	2.78	2.72	2.66	2.60
14	6.30	4.86	4.24	3.89	3.66	3.50	3.38	3.29	3.21	3.15	3.05	2.95	2.84	2.79	2.73	2.67	2.61	2.55	2.49
15	6.20	4.79	4.15	3.80	3.58	3.41	3.29	3.20	3.12	3.06	2.96	2.86	2.76	2.70	2.64	2.58	2.52	2.46	2.40
16	6.12	4.69	4.08	3.73	3.50	3.34	3.22	3.12	3.05	2.99	2.89	2.79	2.68	2.63	2.57	2.51	2.45	2.38	2.32
17	6.04	4.62	4.01	3.66	3.44	3.28	3.16	3.06	2.98	2.92	2.82	2.72	2.62	2.56	2.50	2.44	2.38	2.32	2.25
18	5.98	4.56	3.95	3.61	3.38	3.22	3.10	3.01	2.93	2.87	2.77	2.67	2.56	2.50	2.44	2.38	2.32	2.26	2.19
19	5.92	4.51	3.90	3.56	3.33	3.17	3.05	2.96	2.88	2.82	2.72	2.62	2.51	2.45	2.39	2.33	2.27	2.20	2.13
20	5.87	4.46	3.86	3.51	3.29	3.13	3.01	2.91	2.84	2.77	2.68	2.57	2.46	2.41	2.35	2.29	2.22	2.16	2.09
21	5.83	4.42	3.82	3.48	3.25	3.09	2.97	2.87	2.80	2.73	2.64	2.53	2.42	2.37	2.31	2.25	2.18	2.11	2.04
22	5.79	4.38	3.78	3.44	3.22	3.05	2.93	2.84	2.76	2.70	2.60	2.50	2.39	2.33	2.27	2.21	2.14	2.08	2.00
23	5.75	4.35	3.75	3.41	3.18	3.02	2.90	2.81	2.73	2.67	2.57	2.47	2.36	2.30	2.24	2.18	2.11	2.04	1.97
24	5.72	4.32	3.72	3.38	3.15	2.99	2.87	2.78	2.70	2.64	2.54	2.44	2.33	2.27	2.21	2.15	2.08	2.01	1.94
25	5.69	4.29	3.69	3.35	3.13	2.97	2.85	2.75	2.68	2.61	2.51	2.41	2.30	2.24	2.18	2.12	2.05	1.98	1.91
26	5.66	4.27	3.67	3.33	3.10	2.94	2.82	2.73	2.65	2.59	2.49	2.39	2.28	2.22	2.16	2.09	2.03	1.95	1.88
27	5.63	4.24	3.65	3.31	3.08	2.92	2.80	2.71	2.63	2.57	2.47	2.36	2.25	2.19	2.13	2.07	2.00	1.93	1.85
28	5.61	4.22	3.63	3.29	3.06	2.90	2.78	2.69	2.61	2.55	2.45	2.34	2.23	2.17	2.11	2.05	1.98	1.91	1.83
29	5.59	4.20	3.61	3.27	3.04	2.88	2.76	2.67	2.59	2.53	2.43	2.32	2.21	2.15	2.09	2.03	1.96	1.89	1.81
30	5.57	4.18	3.59	3.25	3.03	2.87	2.75	2.65	2.57	2.51	2.41	2.31	2.20	2.14	2.07	2.01	1.94	1.87	1.79
40	5.42	4.05	3.46	3.13	2.90	2.74	2.62	2.53	2.45	2.39	2.29	2.18	2.07	2.01	1.94	1.88	1.80	1.72	1.64
60	5.29	3.93	3.34	3.01	2.79	2.63	2.51	2.41	2.33	2.27	2.17	2.06	1.94	1.88	1.82	1.74	1.67	1.58	1.48
120	5.15	3.80	3.23	2.89	2.67	2.52	2.39	2.30	2.22	2.16	2.05	1.94	1.82	1.76	1.69	1.61	1.53	1.43	1.31
∞	5.02	3.69	3.12	2.79	2.57	2.41	2.29	2.19	2.11	2.05	1.94	1.83	1.71	1.64	1.57	1.48	1.39	1.27	1.00

例 $\phi_1=10$, $\phi_2=12$ に対する $F_{12}^{10}(0.025)$ の値は, $\phi_1=10$ の列と $\phi_2=12$ の行の交わる点の値 3.37 で与えられる.

付 表　211

付表 4.3　$F^{\phi_1}_{\phi_2}(0.005)$　　$\alpha=0.005$　　$\phi_1=$ 分子の自由度　　$\phi_2=$ 分母の自由度

$\phi_2 \backslash \phi_1$	1	2	3	4	5	6	7	8	9	10	12	15	20	24	30	40	60	120	∞
1	162*	200*	216*	225*	231*	234*	237*	239*	241*	242*	244*	246*	248*	249*	250*	251*	252*	254*	255*
2	198.	199.	199.	199.	199.	199.	199.	199.	199.	199.	199.	199.	199.	199.	199.	199.	199.	199.	200.
3	55.6	49.8	47.5	46.2	45.4	44.8	44.4	44.1	43.9	43.7	43.4	43.1	42.8	42.6	42.5	42.3	42.1	42.0	41.8
4	31.3	26.3	24.3	23.2	22.5	22.0	21.6	21.4	21.1	21.0	20.7	20.4	20.2	20.0	19.9	19.8	19.6	19.5	19.3
5	22.8	18.3	16.5	15.6	14.9	14.5	14.2	14.0	13.8	13.6	13.4	13.1	12.9	12.8	12.7	12.5	12.4	12.3	12.1
6	18.6	14.5	12.9	12.0	11.5	11.1	10.8	10.6	10.4	10.2	10.0	9.81	9.59	9.47	9.36	9.24	9.12	9.00	8.88
7	16.2	12.4	10.9	10.0	9.52	9.16	8.89	8.68	8.51	8.38	8.18	7.97	7.75	7.64	7.53	7.42	7.31	7.19	7.08
8	14.7	11.0	9.60	8.81	8.30	7.95	7.69	7.50	7.34	7.21	7.01	6.81	6.61	6.50	6.40	6.29	6.18	6.06	5.95
9	13.6	10.1	8.72	7.96	7.47	7.13	6.88	6.69	6.54	6.42	6.23	6.03	5.83	5.73	5.62	5.52	5.41	5.30	5.19
10	12.8	9.43	8.08	7.34	6.87	6.54	6.30	6.12	5.97	5.85	5.66	5.47	5.27	5.17	5.07	4.97	4.86	4.75	4.64
11	12.2	8.91	7.60	6.88	6.42	6.10	5.86	5.68	5.54	5.42	5.24	5.05	4.86	4.76	4.65	4.55	4.44	4.34	4.23
12	11.8	8.51	7.23	6.52	6.07	5.76	5.52	5.35	5.20	5.09	4.91	4.72	4.53	4.43	4.33	4.23	4.12	4.01	3.90
13	11.4	8.19	6.93	6.23	5.79	5.48	5.25	5.08	4.94	4.82	4.64	4.46	4.27	4.17	4.07	3.97	3.87	3.76	3.65
14	11.1	7.92	6.68	6.00	5.56	5.26	5.03	4.86	4.72	4.60	4.43	4.25	4.06	3.96	3.86	3.76	3.66	3.55	3.44
15	10.8	7.70	6.48	5.80	5.37	5.07	4.85	4.67	4.54	4.42	4.25	4.07	3.88	3.79	3.69	3.58	3.48	3.37	3.26
16	10.6	7.51	6.30	5.64	5.21	4.91	4.69	4.52	4.38	4.27	4.10	3.92	3.73	3.64	3.54	3.44	3.33	3.22	3.11
17	10.4	7.35	6.16	5.50	5.07	4.78	4.56	4.39	4.25	4.14	3.97	3.79	3.61	3.51	3.41	3.31	3.21	3.10	2.98
18	10.2	7.21	6.03	5.37	4.96	4.66	4.44	4.28	4.14	4.03	3.86	3.68	3.50	3.40	3.30	3.20	3.10	2.99	2.87
19	10.1	7.09	5.92	5.27	4.85	4.56	4.34	4.18	4.04	3.93	3.76	3.59	3.40	3.31	3.21	3.11	3.00	2.89	2.78
20	9.94	6.99	5.82	5.17	4.76	4.47	4.26	4.09	3.96	3.85	3.68	3.50	3.32	3.22	3.12	3.02	2.92	2.81	2.69
21	9.83	6.89	5.73	5.09	4.68	4.39	4.18	4.01	3.88	3.77	3.60	3.43	3.24	3.15	3.05	2.95	2.84	2.73	2.61
22	9.73	6.81	5.65	5.02	4.61	4.32	4.11	3.94	3.81	3.70	3.54	3.36	3.18	3.08	2.98	2.88	2.77	2.66	2.55
23	9.63	6.73	5.58	4.95	4.54	4.26	4.05	3.88	3.75	3.64	3.47	3.30	3.12	3.02	2.92	2.82	2.71	2.60	2.48
24	9.55	6.66	5.52	4.89	4.49	4.20	3.99	3.83	3.69	3.59	3.42	3.25	3.06	2.97	2.87	2.77	2.66	2.55	2.43
25	9.48	6.60	5.46	4.84	4.43	4.15	3.94	3.78	3.64	3.54	3.37	3.20	3.01	2.92	2.82	2.72	2.61	2.50	2.38
26	9.41	6.54	5.41	4.79	4.38	4.10	3.89	3.73	3.60	3.49	3.33	3.15	2.97	2.87	2.77	2.67	2.56	2.45	2.33
27	9.34	6.49	5.36	4.74	4.34	4.06	3.85	3.69	3.56	3.45	3.28	3.11	2.93	2.83	2.73	2.63	2.52	2.41	2.29
28	9.28	6.44	5.32	4.70	4.30	4.02	3.81	3.65	3.52	3.41	3.25	3.07	2.89	2.79	2.69	2.59	2.48	2.37	2.25
29	9.23	6.40	5.28	4.66	4.26	3.98	3.77	3.61	3.48	3.38	3.21	3.04	2.86	2.76	2.66	2.56	2.45	2.33	2.21
30	9.18	6.35	5.24	4.62	4.23	3.95	3.74	3.58	3.45	3.34	3.18	3.01	2.82	2.73	2.63	2.52	2.42	2.30	2.18
40	8.83	6.07	4.98	4.37	3.99	3.71	3.51	3.35	3.22	3.12	2.95	2.78	2.60	2.50	2.40	2.30	2.18	2.06	1.93
60	8.49	5.80	4.73	4.14	3.76	3.49	3.29	3.13	3.01	2.90	2.74	2.57	2.39	2.29	2.19	2.08	1.96	1.83	1.69
120	8.18	5.54	4.50	3.92	3.55	3.28	3.09	2.93	2.81	2.71	2.54	2.37	2.19	2.09	1.98	1.87	1.75	1.61	1.43
∞	7.88	5.30	4.28	3.72	3.35	3.09	2.90	2.74	2.62	2.52	2.36	2.19	2.00	1.90	1.79	1.67	1.53	1.36	1.00

注　$\phi_2=1$ の行の*は $\times 10^2$ を示す．例えば $F^1_1(0.005)=162\times 10^2$.

付表 5　R 管理図用係数表

n	D_3	D_4	d_2	d_3
2	0.000	3.267	1.128	0.853
3	0.000	2.575	1.693	0.888
4	0.000	2.282	2.059	0.880
5	0.000	2.114	2.326	0.864
6	0.000	2.004	2.534	0.848
7	0.076	1.924	2.704	0.833
8	0.136	1.864	2.847	0.820
9	0.184	1.816	2.970	0.808
10	0.223	1.777	3.078	0.797

付表 6　Grubbs の棄却限界値（JIS Z 8402-2 より抜粋）

p	外れ値が一つの場合		p	外れ値が一つの場合	
	1 %	5 %		1 %	5 %
3	1,155	1,155	22	3,060	2,758
4	1,496	1,481	23	3,087	2,781
5	1,764	1,715	24	3,112	2,802
6	1,973	1,887	25	3,135	2,822
7	2,139	2,020	26	3,157	2,841
8	2,274	2,126	27	3,178	2,859
9	2,387	2,215	28	3,199	2,876
10	2,482	2,290	29	3,218	2,893
11	2,564	2,355	30	3,236	2,908
12	2,636	2,412	31	3,253	2,924
13	2,699	2,462	32	3,270	2,938
14	2,755	2,507	33	3,286	2,952
15	2,806	2,549	34	3,301	2,965
16	2,852	2,585	35	3,316	2,979
17	2,894	2,620	36	3,330	2,991
18	2,932	2,651	37	3,343	3,003
19	2,968	2,681	38	3,356	3,014
20	3,001	2,709	39	3,369	3,025
21	3,031	2,733	40	3,381	3,036

付　表

付表7 r 表

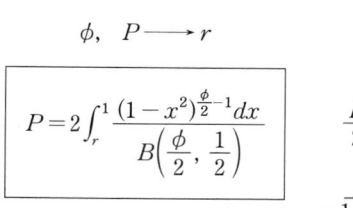

$$P = 2\int_r^1 \frac{(1-x^2)^{\frac{\phi}{2}-1}dx}{B\left(\frac{\phi}{2},\frac{1}{2}\right)}$$

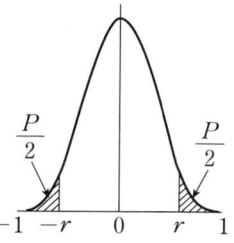

（自由度 ϕ の r の両側確率 P の点）

ϕ \ P	0.10	0.05	0.02	0.01
10	.4973	.5760	.6581	.7079
11	.4762	.5529	.6339	.6835
12	.4575	.5324	.6120	.6614
13	.4409	.5139	.5923	.6411
14	.4259	.4973	.5742	.6226
15	.4124	.4821	.5577	.6055
16	.4000	.4683	.5425	.5897
17	.3887	.4555	.5285	.5751
18	.3783	.4438	.5155	.5614
19	.3687	.4329	.5034	.5487
20	.3598	.4227	.4921	.5368
25	.3233	.3809	.4451	.4869
30	.2960	.3494	.4093	.4487
35	.2746	.3246	.3810	.4182
40	.2573	.3044	.3578	.3932
50	.2306	.2732	.3218	.3541
60	.2108	.2500	.2948	.3248
70	.1954	.2319	.2737	.3017
80	.1829	.2172	.2565	.2830
90	.1726	.2050	.2422	.2673
100	.1638	.1946	.2301	.2540
近似式	$\dfrac{1.645}{\sqrt{\phi+1}}$	$\dfrac{1.960}{\sqrt{\phi+1}}$	$\dfrac{2.326}{\sqrt{\phi+2}}$	$\dfrac{2.576}{\sqrt{\phi+3}}$

例　自由度 $\phi=30$ の場合の両側 5％の点は 0.3494 である．
出典　森口繁一・日科技連数値表委員会編（1990）：新編 日科技連数値表，p.20

付表 8　z 変換図表

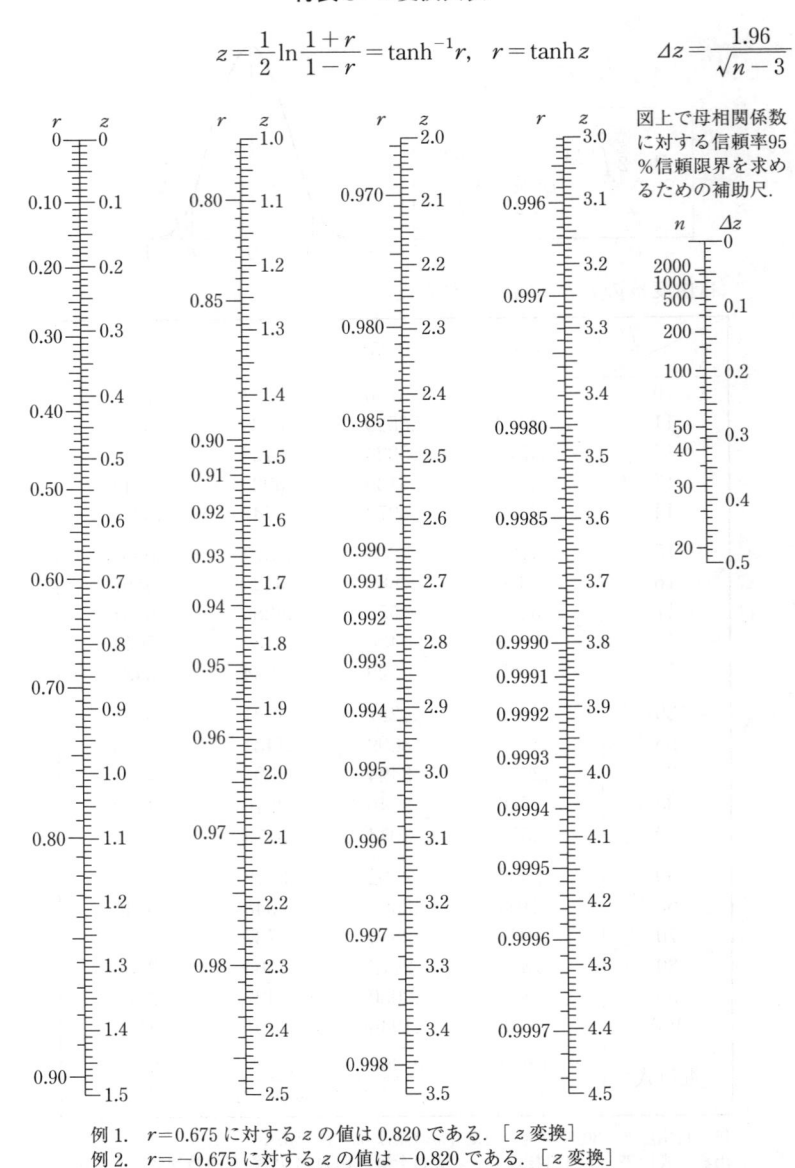

$$z = \frac{1}{2}\ln\frac{1+r}{1-r} = \tanh^{-1}r, \quad r = \tanh z \qquad \Delta z = \frac{1.96}{\sqrt{n-3}}$$

図上で母相関係数に対する信頼率95%信頼限界を求めるための補助尺．

例 1.　$r = 0.675$ に対する z の値は 0.820 である．［z 変換］
例 2.　$r = -0.675$ に対する z の値は -0.820 である．［z 変換］
例 3.　$z = 1.27$ に対する r の値は 0.854 である．［逆変換］

出典　森口繁一・日科技連数値表委員会編（1990）：新編 日科技連数値表，p.19

参 考 文 献

1) 朝香鐵一，石川馨，山口襄（1988）：新版 品質管理便覧 第2版，日本規格協会
2) 吉澤正（2004）：クォリティマネジメント用語辞典，日本規格協会
3) 鐵健司（1977）：品質管理のための統計的方法入門，日科技連出版社
4) 近藤良夫，舟阪渡（1967）：技術者のための統計的方法，共立出版
5) 外島忍（1967）：要説 品質管理，日本規格協会
6) 森口繁一（1989）：統計的手法（QSS−普通科テキスト），日本規格協会（1976 C4 新編，修正版 1989-10）
7) 近藤次郎（1963）：統計理論（品質管理 教程），日科技連出版社
8) 小林龍一（1972）：相関・回帰分析法入門，日科技連出版社
9) 石川馨，米山高範（1967）：分散分析法入門，日本科学技術連盟
10) 中里博明（1970）：分割実験法入門，日科技連出版社
11) 草場郁郎（1974）：新編 統計的方法演習，日科技連出版社
12) 田口玄一，小西省三（1960）：直交表による実験のわりつけ方，日本科学技術連盟
13) 朝尾正，安藤貞一，楠正，中村恒夫（1973）：最新 実験計画法，日科技連出版社
14) 安藤貞一，朝尾正（1968）：実験計画法演習，日本科学技術連盟
15) 田口玄一（1962）：新版 実験計画法（上），丸善
16) 奥村士郎（2007）：改訂2版 品質管理入門テキスト，日本規格協会
17) 奥村士郎（1979）：やさしい検定，推定及び実験計画法の進め方（講習会テキスト），日本規格協会（名古屋支部）
18) 奥村士郎（1985）：実験計画法入門（セミナーテキスト），日本規格協会（名古屋支部）
19) 奥村士郎（2000）：OS 線点図の紹介，標準化と品質管理，Vol.53, No.7, p.68-77
20) 奥村士郎（2000）：実験器具 OS チップの紹介，標準化と品質管理，Vol.53, No.8, p.42-49
21) 日本規格協会（2008）：JIS ハンドブック品質管理

索　引

あ行

R 管理図用係数表　212
r 表　213
当てはめの検定　52
ANOVA　90
1 因子実験（one-factor experiment）
　87
一元配置（one-way layout）　87
1％有意　12
因子　91
疑わしい値（suspected value）　39
A 間変動　89
$\overline{X}$ 管理図　14
$\overline{X}-R$ 管理図　14
F 検定　29
F 表　208
F 分布　29
　——表の見方　31
OS 線点図　116
OS チップ　79

か行

回帰式　75
回帰直線　74
回帰分析（regression analysis）　73
　——による分散分析　73
回帰（方程式）直線の計算例　78
χ^2 検定　23
χ^2 表　206
　——（の見方）　25
χ^2 分布（chi-square disdtribution）　23
ガウス分布（Gaussian distribution）　13
仮説（hypothesis）　11
　——検定　11
片側検定（one-sided test）　11

簡易検定　12
簡易法　69
棄却　10
　——検定（rejection test）　39
奇数象限　71
期待値（expectation）　48, 94
帰無仮説（H_0：null hypothesis）　10
寄与率（contribution ratio）　63
偶数象限　71
Grubbs の棄却限界値　212
Grubbs の検定　39
計数値　44
　——（discrete variable）の検定　12
　——の検定及び推定　41
計量値　44
　——（continuous variable）の検定　12
　——の検定及び推定　13
検定（test）　9
　——と推定　9
交互作用（interaction）　100
　——割付け表　151
交絡（confounding）　100
Cochran の定理　23
誤差変動　89
5％有意　12

さ行

最小2乗法（回帰式の）　76
採択　10
作図法（回帰式の）　75
三元配置（three-way layout）　112
散布図（scatter diagram）　61
　——の見方　62
サンプル（sample）　13
実験計画法（design of experiment）　85

実測値　48
　——と期待値の関係　55
重回帰分析　73
修正項　90
重相関分析　61
従属性　64
信頼度 95％の区間推定　19
信頼率（confidence level）　12
推定（estimation）　9
正規近似法　46
　——（計数値の検定と推定）　44
正規分布（normal distribution）　13, 41
　——表　203
　——表の見方　18
正規母集団　13
正相関　62, 72
z 変換図表　214
線形補間　68
相関係数（correlation cofficient）　62, 63
　——の計算表　67
相関図　61
相関度合い　62
相関の検定　65
相関分析（correlation analysis）　61
　——と回帰分析　61
総変動　89

た行

対応のある変量因子　96
対立仮説（H_1：alternative hypothesis）　10
単回帰分析　73
単相関分析　61
直交配列　121
　——表（orthogonal array）　87, 121, 122
　　　$L_8(2^7)$ 型　126
　　　$L_{16}(2^{15})$ 型　132, 138
　　　$L_{27}(3^{13})$ 型　149, 155

直交表　121
t 検定　20
t 表　205
t 分布（Student）　20
適合度の検定（χ^2 検定）（計数値の検定と推定）　52
適合品率　42
点推定　19
統計量と母数の関係　20
等分散性の検定　33
特性値（結果）　121
独立性　64
飛び離れた値（outlying value）　39

な行

2 因子実験（two-factor experiment）　98
二元配置（two-way layout）　98, 106
二項分布（binomial distribution）　41
2 水準の直交配列表のルール　125

は行

ばらつき　29
　——の検定　23
標準正規分布（standardized normal distribution）　14
標準偏差　13
　——が既知の場合　16
　——が未知の場合　16
比例配分法　68
符号検定　69
　——表　71
負相関　62, 72
2 組のデータにおける平均値の差の検定と推定（計量値の）　33
2 組のデータに対応のある場合（計量値の検定及び推定）　36
2 組のデータに対応のない場合（計量値の検定及び推定）　33

不適合品率　43
分割表　48
　　——を用いる方法（計数値の検定と推定）　48
分散　13, 29
　　——の加法性　96
　　——分析表（analysis of variance）　90
平均値の検定　16
偏差平方和　24
変量因子　91
変量模型（randam-effect factor）　91
ポアソン分布（Poisson distribution）　41
母集団（population）　9, 13, 39
母数因子　91
母数模型（fixed-effect factor）　91
母相関係数（population correlation coefficient）　65
　　——の区間推定　65
　　——の点推定　65
母不適合品率　12
母分散　13

　　——の検定　12
　　——の違いの検定と推定　23

ま行

$\hat{\mu}$（ミューハット）　19
無相関　62

や行

有意水準（significance level）　12
u 検定　16
有効繰返し数　102
要因実験　86
　　——（完全ランダム型）　87

ら行

ラテン方格（Latin square）　122
両側検定（two-sided test）　11
連立正規方程式　77

わ

割付け　134

[著者略歴]

奥村　士郎（おくむら　しろう）

1930 年 11 月	愛知県名古屋市に生まれる.
1963～1976 年	名古屋工業大学経営工学科勤務
	（電気計測実験及び統計解析担当）
	非常勤講師として，愛知大学，愛知県立看護短期大学,
	名古屋赤十字看護専門学校，椙山女子学園大学など併任
	（家庭機械及び電気数理統計学など担当）
1976 年 7 月	名古屋工業大学経営工学科退官
1976～1990 年	日本規格協会名古屋支部事務局次長勤務
	品質管理教育指導専任講師, JIS 工場の公示検査役
	中部大学兼任講師（品質管理担当）
	名古屋女子大学兼任講師（数理統計学演習担当）
1990 年 11 月	日本規格協会定年退職
1990 年 12 月	日本規格協会常勤嘱託
1995 年 12 月	日本規格協会非常勤嘱託
	品質管理教育指導専任講師, JIS 工場の公示検査役
	中部大学兼任講師（品質管理担当）
	名古屋女子大学兼任講師（数理統計演習・統計学・
	品質管理論担当）
2008 年 4 月現在	日本規格協会名古屋支部非常勤嘱託
	日本規格協会品質管理セミナー専任講師

統計的手法入門テキスト
―検定・推定と相関・回帰及び実験計画―

定価：本体 2,200 円（税別）

2008 年 11 月 27 日　第 1 版第 1 刷発行
2014 年 4 月 30 日　　　　第 6 刷発行

著　者　奥村　士郎
発 行 者　揖斐　敏夫
発 行 所　一般財団法人 日本規格協会
　　　　〒108-0073　東京都港区三田 3 丁目 13-12 三田 MT ビル
　　　　　　　　　http://www.jsa.or.jp/
　　　　　　　　　振替　00160-2-195146

印 刷 所　株式会社平文社
製　　作　株式会社群企画

©Shiro Okumura, 2008　　　　　　　　　　　Printed in Japan
ISBN978-4-542-50266-6

●当会発行図書，海外規格のお求めは，下記をご利用ください．
営業サービスユニット：(03)4231-8550
書店販売：(03)4231-8553　注文 FAX：(03)4231-8665
JSA Web Store：http://www.webstore.jsa.or.jp/

品質管理検定(QC検定)参考図書

クォリティマネジメント用語辞典
編集委員長 吉澤 正
A5判:680ページ
定価:本体 3,600 円(税別)
1級 2級 3級

社内標準の作り方と活用方法
社内標準作成研究会 編
B5判:432ページ
定価:本体 3,800 円(税別)
1級 2級 3級

おはなし新 QC 七つ道具
納谷嘉信 編
新 QC 七つ道具執筆グループ 著
B6判・300ページ
定価:本体 1,400 円(税別)
1級 2級 3級

JSQC選書7 日本の品質を論ずるための 品質管理用語 85
㈳日本品質管理学会 監修
㈳日本品質管理学会 標準委員会 編
四六判・158ページ 定価:本体 1,500 円(税別)
1級 2級 3級

JSQC選書16 日本の品質を論ずるための 品質管理用語 Part 2
㈳日本品質管理学会 監修
㈳日本品質管理学会 標準委員会 編
四六判・160ページ 定価:本体 1,500 円(税別)
1級 2級 3級

現場長の QC 必携
監修 朝香鐵一
編集・主査 尾関和夫・千葉力雄・中村達男
A5判・288ページ
定価:本体 2,500 円(税別)
2級 3級

品質管理講座 新編 統計的方法 [改訂版]
森口繁一 編
A5判・308ページ
定価:本体 1,600 円(税別)
1級 2級

実験計画法入門 [改訂版]
鷲尾泰俊 著
A5判・300ページ
定価:本体 2,700 円(税別)
1級 2級

[新版]QC 入門講座 5 データのまとめ方と活用 I
大滝 厚・千葉力雄・谷津 進 共著
A5判・130ページ
定価:本体 1,300 円(税別)
2級 3級

[新版]QC 入門講座 6 データのまとめ方と活用 II
大滝 厚・千葉力雄・谷津 進 共著
A5判・140ページ
定価:本体 1,300 円(税別)
2級 3級

[新版]QC 入門講座 7 管理図の作り方と活用
中村達男 著
A5判・160ページ
定価:本体 1,300 円(税別)
2級 3級

[新版]QC 入門講座 8 統計的検定・推定
谷津 進 著
A5判・168ページ
定価:本体 1,300 円(税別)
1級 2級

[新版]QC 入門講座 9 サンプリングと抜取検査
加藤洋一 著
A5判・124ページ
定価:本体 1,300 円(税別)
1級 2級 3級

すぐに役立つ 実験の計画と解析 基礎編
谷津 進 著
A5判・178ページ
定価:本体 2,136 円(税別)
1級 2級

すぐに役立つ 実験の計画と解析 応用編
谷津 進 著
A5判・236ページ
定価:本体 2,718 円(税別)
1級

基本 多変量解析
浅野長一郎・江島伸興 共著
A5判・278ページ
定価:本体 3,000 円(税別)
1級

JSA 日本規格協会 http://www.webstore.jsa.or.jp/

QC 関連図書

改訂2版
品質管理入門テキスト

奥村士郎 著
A5判・232ページ
定価：本体 2,100 円（税別）

例解
高校数学Ⅰ データの分析

内田 治 著
A5判・104ページ
定価：本体 1,000 円（税別）

クォリティマネジメント入門

岩崎日出男・泉井 力 共著
A5判・208ページ
定価：本体 1,800 円（税別）

[リニューアル版]
やさしい QC 七つ道具
現場力を伸ばすために

細谷克也 編
石原勝吉・廣瀬一夫・細谷克也・吉間英宣 共著
A5判・288ページ　定価：本体 2,300 円（税別）

おはなし統計的方法
"早わかり"と"理解が深まる 18 話"

永田 靖 編著
稲葉太一・今 嗣雄・葛谷和義・山田 秀 著
B6判・256ページ
定価：本体 1,500 円（税別）

知の巡りをよくする手法の連携活用
サービス・製品の価値を高める価値創生プロセスのデザイン

大藤 正・黒河英俊 監修
VCP-Net 研究会 編著
新書判・136ページ　定価：本体 1,200 円（税別）

Excel でここまでできる統計解析
パレート図から重回帰分析まで

今里健一郎・森田 浩 著
B5判・248ページ
定価：本体 2,800 円（税別）

Excel で手軽にできるアンケート解析
研修効果測定から
ISO 関連のお客様満足度測定まで

今里健一郎 著
B5判・230ページ
定価：本体 2,900 円（税別）

Excel でここまでできる実験計画法
一元配置実験から直交配列表実験まで

森田 浩・今里健一郎・奥村清志 著
B5判・284ページ
定価：本体 3,200 円（税別）

初心者（学生・スタッフ）のための
データ解析入門
QC 検定試験 1 級・2 級受験を目指して

新藤久和 著
A5判・190ページ
定価：本体 2,200 円（税別）

新版 信頼性工学入門

真壁 肇 編
A5判・268ページ
定価：本体 2,700 円（税別）

設計・開発における"Q"の確保
より高いモノづくり品質をめざして

(社)日本品質管理学会中部支部
産学連携研究会 編
A5判・256ページ
定価：本体 2,400 円（税別）

JSA 日本規格協会　http://www.webstore.jsa.or.jp/